CARL WILHELM SCHEELE.

CARL WILHELM SCHEELE

GEDENKSCHRIFT ZUM 150. TODESTAGE

VON

OTTO ZEKERT
DR. PHIL. ET MAG. PHARM., PRIVATDOZENT AN DER
TECHNISCHEN HOCHSCHULE IN WIEN

MIT EINEM BILDNIS C. W. SCHEELES

SPRINGER-VERLAG WIEN GMBH 1936

ISBN 978-3-662-35845-0 ISBN 978-3-662-36675-2 (eBook)
DOI 10.1007/978-3-662-36675-2

ALLE RECHTE, INSBESONDERE DAS DER ÜBERSETZUNG
IN FREMDE SPRACHEN, VORBEHALTEN

Ein und ein halbes Jahrhundert sind mit dem Auge des Historikers gesehen eine sehr kleine Spanne Zeit. Doch für das Gebiet des menschlichen Geistes, auf dem CARL WILHELM SCHEELES Leistungen liegen, gehört gerade diese Zeitspanne zu den entwicklungsgeschichtlich wichtigsten.

Vergegenwärtigt man sich den Stand der Chemie von heute und die chemischen Ansichten zur Zeit STAHLs, die SCHEELES Schule waren, und hält beide einander entgegen, so vermag man leicht zu erkennen, welch ungeheurer Unterschied zwischen diesen beiden Epochen ist, welch weite Spannung zwischen beiden liegt.

Einer derjenigen, die die Möglichkeiten geschaffen haben, den weiten Weg von der Phlogistontheorie zur Atomzertrümmerung zu gehen, ist der Mann, dessen 150. Todestages die chemische Welt in diesen Tagen gedenkt.

Still und ernst, wie es dem ernsten und stillen Leben dieses Einmaligen entspricht.

Es ist nicht möglich, im Rahmen dieser kurzen Ausführungen CARL WILHELM SCHEELES ganzes Lebensbild aufzurollen. Es muß genügen, die wichtigsten Daten und Wendepunkte seines Lebens und seines äußeren Lebensganges in die Erinnerung zurückzurufen.

Dieser schlichte, einfache, menschlich so reine äußere Rahmen ist aber notwendig, um in ihn das um so reichere Bild seines inneren Lebens, seines Ingeniums hineinzustellen.

CARL WILHELM SCHEELE, einem alten, angesehenen deutschen Geschlechte entstammend, wurde am 19. Dezember 1742 zu Stralsund, der Hauptstadt des damals schwedischen Teiles von Pommern, geboren. SCHEELES Muttersprache und Volkstum ist deutsch. SCHEELES politisches und geistiges Vaterland ist Schweden.

Die *Kindheit* war still und ruhig, wenngleich seine Eltern, JOHANN CHRISTIAN SCHEELE und MARGARETHA ELEONORA, geborene WARNEKROSS, nicht von Sorgen verschont blieben. Nur wenig über zwei Jahre verlebte der kleine CARL WILHELM in seinem Geburtshause. Des Vaters Konkurs zwang zum Verkaufe. SCHEELES Vater, der Brauer gewesen war, wurde Makler.

Mit sechs Jahren kam SCHEELE in eine Privatschule, die er bis zu seinem 15. Lebensjahre besuchte. Schüler des Stralsunder Gymnasiums war CARL WILHELM SCHEELE, wie ich nachweisen konnte, nicht. Der in den Schülerverzeichnissen aufscheinende SCHEELE ist vielmehr SCHEELES jüngster Bruder PAUL JOACHIM.

Im 15. Lebensjahre verließ CARL WILHELM SCHEELE das Elternhaus. Er fuhr nach Gothenburg, um dort in die Apotheke „zum Einhorn" zwecks Ausbildung in der ars pharmaceutica einzutreten. Neben dem eigenen Triebe mag wohl das Beispiel seines ältesten, früh verstorbenen Bruders JOHANN MARTIN ausschlaggebend gewesen sein.

In Gothenburg blieb SCHEELE acht Jahre. Sein überaus tüchtiger Lehrherr war der Apotheker MARTIN ANDREAS BAUCH, selbst ein Deutscher, der SCHEELE nicht nur seinen künftigen Lebensberuf lehrte, sondern ihn darüber hinaus, durch Duldung und Unterstützung seiner chemischen Experimente förderte. Die Nachwelt ist BAUCH dafür zu Dank verpflichtet, denn ein anderer hätte, in alten, ausgetretenen Bahnen wandelnd, die in SCHEELE ruhenden Keime zur künftigen Größe nur allzuleicht verkümmern lassen, ja zerstören können.

SCHEELE ging durch die strenge Schulung der damaligen Zeit. Er lernte Arzneien bereiten, Drogen präparieren. Am liebsten aber beschäftigte sich SCHEELE im Laboratorium der Apotheke. Alle die damals noch so vielfältigen galenischen, vor allem aber die chemischen Präparate zogen ihn an. Der junge Adept lernte die verschiedenen Composita bereiten, wie destillierte Wässer, Balsame, Elektuarien, Elixire, Pflaster, Essenzen, Extrakte, Opiate, Pillen, Pulvermischungen aller Art, Salze, Tinkturen usw.

Dann aber hieß es auch die Simplicia darzustellen. Auf diesem Gebiete erlangte SCHEELE die Grundlagen zu seiner späteren, von allen Zeitgenossen so gerühmten Experimentierkunst. Es wurden weiter Präparate aus Quecksilber, Spießglanz, Eisen, Blei, Salpeter, Alaun, Magnesia, Weinstein, Arsenik und anderen chemischen Stoffen gewonnen.

Aber auch Stoffe tierischer Herkunft — wenn auch in weit geringerer Zahl — lernte SCHEELE verarbeiten.

Welche Vielheit von Stoffen tierischer, mineralischer und vor allem pflanzlicher Herkunft in der Apotheke „zum Einhorn" in Gothenburg zu SCHEELEs Zeit zur Herstellung von Medikamenten benötigt wurde, geht am besten aus dem von SCHEELEs Bruder JOHANN MARTIN angelegten Laboratoriumsjournal hervor.[1]

CARL WILHELM SCHEELE zeichnete sich schon in Gothenburg durch unermüdlichen Fleiß aus. Nach der gewiß ermüdenden beruflichen Tagesarbeit nahm er die chemischen Werke aus der Bibliothek der Apotheke zur

---

[1] ZEKERT OTTO: CARL WILHELM SCHEELE, sein Leben und seine Werke, 3. Teil.

Hand und eignete sich den Inhalt durch nächtliches Studium an. Sein Eifer war so groß, daß BAUCH befürchtete, SCHEELE werde dadurch Schaden an seiner Gesundheit erleiden. Vornehmlich die Werke von KUNCKEL, LEMERY, NEUMANN und STAHL waren SCHEELEs Lektüre. Ohne ausreichende schulmäßige und wissenschaftliche Vorbildung erlernte SCHEELE den Inhalt und wiederholte die Experimente dieser Bücher, soweit Materialien und Apparaturen ausreichten. Fehlende Apparate, Instrumente und sonstige Behelfe suchte SCHEELE schon frühzeitig sich selbst anzufertigen.

Nur so war es möglich, daß ein Zeitgenosse von dem jungen SCHEELE sagen konnte, „daß er durch eigenen Fleiß so viele Kenntnisse erworben habe, daß sie bei all seiner Bescheidenheit geeignet seien, einen bejahrten Chemisten zu übertreffen".[1]

Nach *Malmö*, der nächsten Station seines kurzen Lebens, kam SCHEELE im Jahre 1765, um in der Apotheke „zum Reichsadler" des PETER MAGNUS KJELLSTRÖM zu arbeiten. Auch dieser Vorgesetzte gab SCHEELE, wohl durch den diesem vorauseilenden guten Ruf bewogen, Gelegenheit zu experimentieren. KJELLSTRÖM bestätigt in einem (vermutlich an Professor WILCKE in Stockholm gerichteten) Brief, „daß sich SCHEELE während seines zweijährigen Aufenthaltes in Malmö ununterbrochen mit chemischen Untersuchungen beschäftigte und sich, soweit seine bescheidenen Mittel reichten, Bücher chemischen Inhaltes aus dem nahen Kopenhagen beschaffte".[2]

In Malmö ist SCHEELE aus dem Bereiche des Studiums, des bloßen Nachprüfens, in das damals noch unendlich

---
[1] l. c. II, 25.
[2] l. c. IV, 112.

weite Reich der chemischen Forschung getreten. Beinahe ohne mündlichen Gedankenaustausch, nur auf die Bücher und seine eigene Phantasie angewiesen, hat SCHEELE diesen Weg zu gehen begonnen; einen Weg, der ihn bald über die Grenzen der damaligen Erkenntnis hinaus in Höhen führen sollte, in die nur wenige vor und nach ihm gelangten.

„Bald aber stand der nie mehr versiegende Drang, eigene chemische Erfahrungen zu sammeln, selbst gestellte Fragen auf experimentellem Wege zu beantworten, im Vordergrunde seines Interesses. Überlieferungen aus dieser Zeit lassen ersehen, daß SCHEELE schon damals das Experiment der Spekulation und dem bloßen Bücherwissen vorzog."[1]

In Malmö trat SCHEELE auch zum erstenmal mit einem anderen Forscher in persönlichen Verkehr, ein Umstand, der für ihn, der ohne systematische Schulbildung geblieben war, der in der engen Sphäre einer Apotheke wirkte, von großer Bedeutung werden sollte.

JAHAN ANDERS RETZIUS[2], nachmals einer der bedeutendsten Gelehrten Schwedens, hat SCHEELE nicht wenig beeinflußt und vor allem dessen Experimentieren zu einer systematischen Zielstrebigkeit geführt. RETZIUS hat SCHEELE veranlaßt, regelmäßige Aufzeichnungen über seine Experimente zu machen und so unbewußt bewirkt, daß die für die Kenntnis von SCHEELEs Bedeutung so wichtigen, für einzelne Fragen geradezu unentbehrlichen Laboratoriumsnotizen entstanden sind. SCHEELE wurde durch die Teilnahme von RETZIUS angeeifert, seine

---

[1] l. c. IV, 112.
[2] 1742 bis 1821, Pharmazeut in Lund und Stockholm, Adjunkt des Bergkollegiums in Stockholm, Direktor des Botanischen Gartens in Lund. Professor für Naturgeschichte und Chemie.

bisher ein rein persönliches Bedürfnis befriedigenden Experimente von einer höheren, allgemeineren Warte aus anzusehen.

Scheeles Entdeckung der Weinsäure bildete die Unterlage für eine gemeinsame Arbeit, die Retzius unter dem Titel: „Versuch mit Weinstein und seiner Säure" veröffentlichte. In dieser Publikation erscheint C. W. Scheeles Name zum erstenmal.

Aus der Feder von Retzius ist auch eine Schilderung Scheeles während seines Aufenthaltes in Malmö erhalten, der wir entnehmen können, daß der junge Forscher sich schon damals außer mit seinem Berufe nur mit chemischen Fragen beschäftigte. Scheele war eben zum Chemiker geboren, wie andere zum Musiker, Maler, Baumeister oder Dichter geboren sind. Ihm war es in die Wiege gelegt, die Elemente der Natur zu meistern.

Sein Genie wurde hiebei durch ein nur für physische Tatsachen bestimmtes, untrügliches Gedächtnis unterstützt. Scheele besaß aber auch eine reiche Phantasie, die er aber nur zum Ersinnen neuer Experimente, neuer Wege benützte, um von der Natur behütete Geheimnisse zu ergründen. Hierin allein kam Scheele die fehlende Schulbildung, der Mangel an systematischer Erziehung auf dem Gebiete der Naturwissenschaften zugute. Unbeschwert durch Doktrinen führte er nach vielen Richtungen hin erfolgreiche Versuche aus, die ein anderer, als von vornherein mit seiner Doktrin in Widerspruch stehend, abgelehnt und nicht durchgeführt hätte. Dieser Umstand trug sicherlich nicht wenig dazu bei, daß Scheele auf seiner Straße so viele Erfolge aufzulesen fand, an denen die anderen, die Geschulten, achtlos vorübergingen.

Man kann also sagen, daß Scheeles unerreichte Fülle

von Entdeckungen auch darauf zurückzuführen ist, daß er eben nicht die gewohnte Straße gegangen ist, sondern sich seinen Weg mit den zahllosen Experimenten durch die Wirrnis der chemischen Gedankenwelt selbst bahnte. Bewundernswert ist auch, wie vielseitig und wie weit schon damals SCHEELEs Arbeitsgebiet gewesen ist. Will man hierfür eine Erklärung suchen, so ist sie wohl in der Mannigfaltigkeit der mineralischen, pflanzlichen und tierischen Heilmittel zu finden, mit denen SCHEELE alltäglich zu tun hatte. Wie sehr mußte ein fragender, suchender Geist, wie der SCHEELEs, immer wieder zu neuem Forschen angeregt werden.

„Weniger als drei Jahre währte der Aufenthalt CARL WILHELM SCHEELEs in Malmö. Wie oft mögen seine Gedanken südwärts, dem Blicke über die Ostsee gefolgt sein. Rückschauend auf eine zehnjährige Trennung vom Elternhause, vorahnend, daß sein Weg nordwärts gegen die Mittelpunkte schwedischen Geisteslebens sich wenden werde, stattete er der Heimat seinen ersten Besuch ab, der auch der letzte bleiben sollte. Einmal nur war es ihm, seit er Stralsund verlassen, vergönnt, die Türme seiner Vaterstadt am Horizonte auftauchen zu sehen. Dieses Wiedersehen wurde ihm zum Abschied von Eltern und Geschwistern."[1]

Ende April 1768 verließ SCHEELE Malmö und fuhr nach Stockholm. In des Reiches Metropole hoffte er mehr als bisher seiner Neigung nachgehen zu können, mehr als bisher Anlehnung an Gleichgesinnte und Förderung seiner Bestrebungen zu finden. SCHEELE mußte gar bald erkennen, daß er in dem staatlichen, wirtschaftlichen und gesellschaftlichen Mittelpunkte Schwe-

---

[1] l. c. IV, 116.

dens weilte. Während der zwei Jahre, die er in Stockholm verblieb, arbeitete er in der Apotheke „zum Raben", damals am Hauptplatze nahe dem königlichen Schlosse gelegen. JOHANN SCHARENBERG, der Inhaber der Apotheke, ließ SCHEELE fast ausschließlich bei der Rezeptur und nicht im Laboratorium arbeiten. Das hatte zur Folge, daß SCHEELE nicht mehr, wie er erhofft, sondern weniger Gelegenheit zu Experimenten hatte. Er mußte seine Versuche, die er als Laboratorius doch wenigstens zum Teil laufend ausführen und beobachten konnte, auf seine Freizeit im Ausmaße eines Tages in der Woche einschränken.

Dennoch war auch der Aufenthalt in Stockholm reich an wissenschaftlichen Ergebnissen und Erfolgen. SCHEELE versuchte sich hier zum erstenmal mit selbständigen Arbeiten, so über die globuli martiales[1] und über sal acetosellae[2]. Widrige Umstände ließen beide Arbeiten nicht

---

[1] Eisen- oder Stahlkugeln. 1 Teil reine Eisenfeile und 2 Teile Weinstein wurden mit so viel Wasser gemischt, daß die Konsistenz breiartig wurde. Nach einigen Tagen entstand eine zähe Masse, aus der eiförmige Kugeln geformt wurden. Selten innerlich (an Stelle von Eisenweinstein), meist äußerlich als Badezusatz gebraucht.

[2] Bereitungsvorschrift nach „Laboratio Medicamentorum" des JOHANN MARTIN SCHEELE, Seite 178 (vgl. l. c. III): „Rp. Hb: rec: Acetosellae magnam quantitatem. Schneide und stosse dasselbe braf, nachdem presse den saft davon durch ein leinen Tuch. Zu diesen exprimirten saft thue einige Eyerweiss zu zerschlage sie mit ein Löffel, koche, despumire und filtriers durch manica Hypocratis[3]. Das clarificirte evaporire gelinde bis auf den dritten Theil, thue es in ein Gefäss und setze es im Keller ein Monat lang, giesse ein wenig Baum öhl auf den Succum sonsten er leicht verdirbet, so werden sich auf den Boden des Gefäss crystallen ansetzen, welche nim heraus, wen sie dich nicht gefallen, weil sie etwas braun aussehen, so kanst du sie wieder in warm wasser solviren, und die Unreinigkeit davon filtriren, und wiederum verwahren so bekömst du ein schönes Saltz."

[3] Ein spitziger Filtriersack.

der Anteilnahme teilhaftig werden, die sie, wohl nicht auf Grund ihrer Form, so doch aber ihres Inhaltes wegen verdient hätten.

Der Aufenthalt in Stockholm ist für SCHEELE aber auch deswegen von Bedeutung geworden, weil er hier J. G. GAHN[1] und wahrscheinlich auch den nachmaligen Archiater ABRAHAM BAECK[2] kennenlernte.

Siebenundzwanzig Jahre alt, übersiedelte SCHEELE im Jahre 1770 nach Uppsala. Die Aussicht, wieder im Laboratorium tätig sein zu können, die Erwartung, in dieser bedeutenden Universitätsstadt fördernden Anschluß zu finden, mögen für SCHEELE der Anlaß gewesen sein, die Stellung in der Apotheke „zum Raben" in Stockholm mit einer solchen in der Apotheke „zum Wappen von Uppland" in Uppsala zu vertauschen. Vermutlich erfolgte die Übersiedlung zur Halbjahreswende, denn vom 6. August 1770 ist ein von SCHEELE aus Uppsala geschriebener Brief erhalten.

Der neue Arbeitgeber SCHEELEs, Apotheker CHRISTIAN LUDWIG LOKK, war ein engerer Landsmann SCHEELEs, denn er stammte wie dieser aus Pommern. Beruflich über den Durchschnitt tüchtig und wissenschaftlich interessiert, gewährte LOKK[3] seinem Mitarbeiter SCHEELE volle Freiheit im Experimentieren und ließ ihn an seinem eigenen wissenschaftlichen Verkehre teilnehmen. Dies waren Vorteile, für die Verhältnisse der damaligen Zeit durchaus nicht selbstverständlich, die für SCHEELEs weiteren Fortschritt von großer Bedeutung werden sollten.

Eine Episode aus der frühesten Zeit von SCHEELEs

---

[1] JOHANN GOTTLIEB GAHN (1745 bis 1818), Professor und Bergmeister in Stockholm.
[2] 1713 bis 1795.
[3] 1718 bis 1800.

Aufenthalt in Uppsala darf hier nicht übergangen werden, da sie Zeugnis gibt von dem Zusammentreffen der beiden bedeutendsten schwedischen Chemiker der damaligen Zeit, nämlich von TORBERN BERGMAN[1] mit CARL WILHELM SCHEELE.

Es wurde schon erwähnt, daß SCHEELE von Stockholm aus zwei selbständige Arbeiten zur Aufnahme in die Verhandlungen der Akademie der Wissenschaften eingereicht hatte, daß sie aber nicht aufgenommen worden waren. Die Arbeit über die globuli martiales scheint gar nicht verlesen worden zu sein, während das zweite Thema „Chemische Versuche über sal acetosellae" wohl am 9. November 1768 verlesen, aber auf Grund einer Bemerkung von TORBERN BERGMAN ad acta gelegt wurde.

Seither trug SCHEELE einen tiefen, seiner Meinung nach berechtigten Groll gegen BERGMAN in sich. Nun hatte ihn sein Beruf gerade in jene Stadt geführt, in der BERGMAN wirkte und neben LINNÉ[2] zu den bedeutendsten Lehrern der Universität zählte.

Einmal aber mußten sich diese beiden Männer, wenn auch nach Alter, Rang und Vorbildung ganz verschieden, finden. Schon deshalb, weil sie einander, wie selten in der Geschichte der Naturwissenschaften, auf das beste ergänzten. BERGMAN, der alle Stufen der akademischen Laufbahn durcheilt hatte, überragte SCHEELE sowohl hinsichtlich der theoretischen Kenntnisse, als auch der Vielseitigkeit seines Wissens. Aber dem hatte SCHEELE, ein ausgesprochener homo empyricus, etwas anderes,

---

[1] 1735 geb., 1758 Dozent für Physik, 1767 Professor für Chemie und Pharmazie in Uppsala. „Opuscula physica et chymica." Lehre von der Verwandtschaft der Körper, Mineralwasser-Analysen. 1784 gest. in Medewi.
[2] CARL VON LINNÉ (LINNAEUS) 1707 bis 1778.

Gleichwertiges entgegenzusetzen, seine von niemandem erreichte experimentelle Erfahrung.

„BERGMAN pflegte die Chemikalien, die er zu seinen Versuchen benötigte, zum Teil aus der Apotheke „zum Wappen von Uppland" zu beziehen. Einmal bekam er einen Salpeter, der nach dem Glühen auf Zusatz von Essigsäure rotbraune Dämpfe entwickelte. Dieses Verhalten konnte sich BERGMAN nicht erklären und sandte ihn durch seinen Schüler GAHN als verunreinigt zurück. Apotheker LOKK, selbst ein tüchtiger, praktischer Chemiker, wußte keine Erklärung und ebensowenig konnte GAHN die Ursache dieser Erscheinung finden. Nur SCHEELE, der junge Laboratorius, wußte Bescheid. Er erinnerte sich, bei seinen früheren Versuchen in Malmö dieses eigentümliche Verhalten des Salpeters schon beobachtet zu haben und vermochte so den Vorgang aufzuklären.

Durch LOKK und GAHN erfuhr BERGMAN hiervon und er äußerte den Wunsch, SCHEELE, an dessen Namen und Existenz BERGMAN sich kaum mehr erinnert haben wird, kennenzulernen.

SCHEELE aber, der die wenig freundliche Art, mit der BERGMAN seine Erstlingsarbeiten beurteilt hatte, nicht vergessen konnte, verhielt sich ablehnend. Den vereinten Bemühungen von GAHN und LOKK gelang es, den Widerstand SCHEELEs allmählich zum Schwinden zu bringen. Aus dem ersten flüchtigen Besuche wurden ernste Unterredungen und schließlich eine Freundschaft zwischen diesen beiden hervorragenden, so ungleich begabten und doch in glücklicher Weise sich ergänzenden Männern."[1]

Neben BERGMAN waren es dann vornehmlich noch

---

[1] l. c. VI, 156.

die beiden Brüder GAHN, BERGIUS[1] und HJELM[2], mit denen SCHEELE während seines Aufenthaltes in Uppsala Gedankenaustausch über chemische Fragen und Probleme pflegte.

SCHEELES Name wurde immer bekannter, sein Ansehen mehrte sich und die Ereignisse kamen zu ihm, dem bescheidenen Laboratorius einer Apotheke. Zwei Geschehnisse sind in diesem Zusammenhange noch zu berichten, einmal, da sie zeitlich in diesen Lebensabschnitt SCHEELES fallen, und dann, weil sich aus der bloßen Möglichkeit des Geschehens das weit über die Grenzen des Berufes reichende Ansehen SCHEELES ableiten läßt.

Ist es nicht auffallend, daß in einer Universitätsstadt mit ihren Professoren, Dozenten und Studenten anläßlich eines fürstlichen Besuches[3] der „Nicht-Gelehrte" SCHEELE eingeladen wird, seine besondere Geschicklichkeit im Anstellen chemischer Experimente zu demonstrieren?

Noch mehr aber beleuchtet das zweite Geschehnis, die Wahl des studiosus pharmaciae, der SCHEELE damals noch immer war, zum Mitgliede der berühmten Königlichen schwedischen Akademie der Wissenschaften seine damalige Wertung. Man halte sich nur vor Augen, welch überragende Ehrung für SCHEELE in der Aufnahme in diese illustre Vereinigung von Wissenschaftlern lag.

Dreiunddreißig Jahre alt, ohne akademischen Titel, ohne einflußreiche Stellung, ohne Beziehungen, einzig

---

[1] PETER JONAS BERGIUS (1730 bis 1790), Arzt, Professor der Naturgeschichte in Stockholm.
[2] PETER JACOB HJELM (1746 bis 1813), Münzwardein, Vorsteher des Laboratoriums des Bergkollegiums in Stockholm.
[3] Prinz HEINRICH VON PREUSSEN, der Bruder Friedrichs des Großen, und der HERZOG VON SÖDERMANLAND.

allein auf Grund seiner Leistungen wurde SCHEELE über Antrag von BERGIUS gewählt. Eine Tat, die SCHEELE, aber nicht minder BERGIUS, BERGMAN und die übrigen Mitglieder der Akademie ehrt. Schweden hat SCHEELE zu seinen Lebzeiten nur einmal geehrt, da aber in der vornehmsten und seiner Bedeutung entsprechendsten Form.

SCHEELE aber blieb der bescheidene, still weiterarbeitende „Laborant", dessen Inneres nur ein Gedanke erfüllte: experimentum!

SCHEELE glaubte daher, das ihm im Jahre 1775 gemachte Angebot, die Leitung der Apotheke in Köping am Mälarsee zu übernehmen, nicht ablehnen zu sollen. Durch die ihm damit gebotene größere Selbständigkeit hoffte SCHEELE, seinem Ziele, mehr Zeit als bisher für seine Forschungen verwenden zu können, näherzukommen.

So entschloß er sich denn, Uppsala, das ihm so viele Erfolge und Ehrungen gebracht hatte, seine Freunde und den mit ihnen gepflogenen Gedankenaustausch zu verlassen und nach dem kleinen Landstädtchen Köping zu übersiedeln.

Man muß aber bedenken und erwägen, was es für SCHEELE, den rastlosesten Forscher, den erfolgreichsten Entdecker, der an dem inneren Feuer seines Ingeniums vor der Erreichung des Zieles zu verbrennen drohte, bedeutete, statt nur jeden siebenten Tag vielleicht jeden fünften Tag oder vielleicht gar zweimal in der Woche ungestört seinen intuitiven Ahnungen, seinen exakten Forschungen nachgehen zu können!

Wer würde nicht die Tragik fühlen, die in den Worten liegt, die SCHEELE an J. G. GAHN schrieb: „Ich bitte bloß, daß mein Herr... noch etwas warte; ich kann nur alle acht Tage experimentieren, die übrige Zeit muß ich in der Apotheke aushalten."[1]

Zu diesem ständigen und aufreibenden Kampfe mit der Zeit, der SCHEELES Leistungen nur noch bewundernswerter erscheinen läßt, kam noch der Mangel an den zu den Experimenten notwendigsten Apparaten und Hilfsmitteln. „Wie schmerzlich muß es für SCHEELE gewesen sein, wenn er z. B. genötigt war, auf die Anfrage GAHNs, ob Sand mit Kalk zusammengeschmolzen werden könne, zu antworten: ‚Es fehlt mir die genügende Feuerhitze, selbiges zu versuchen.'"[2]

All diese Schwierigkeiten hoffte SCHEELE durch die Übersiedlung nach Köping überwinden zu können. So kam er denn dorthin, nicht ahnend, daß es ihm bestimmt war, den Namen dieses kleinen Städtchens über den Erdball zu tragen.

Die Verhältnisse, in die SCHEELE kam, waren aber für seine Forschungen die denkbar schlechtesten. Wenn er gehofft hatte, die Leitung der durch den Tod des Besitzers POHL verwaisten Apotheke zu übernehmen und ohne Störung seinen beruflichen Pflichten nachgehen zu können, daneben nach Maßgabe der sich erübrigenden Zeit weiter zu suchen auf dem Pfade naturwissenschaftlicher Erkenntnis, so sollte er gar bald erkennen müssen, daß auch dieses bescheidene Ziel für ihn noch unerreichbar war.

Es stellte sich nämlich ein Pächter für die von SCHEELE verwaltete Apotheke ein und so schien es, daß seines Bleibens nicht sei. Wohl bekam SCHEELE von verschiedenen Seiten hilfsbereite Anträge. BERGMAN lud ihn nach Uppsala ein; die Leitung der Apotheke von Alingsås

---
[1] l. c. VI, 163.
[2] l. c. VI, 163.

wurde ihm angetragen; nach Stockholm sollte er als chymicus regius gehen; nach Falun als Berater des Bergbaues übersiedeln.

Doch SCHEELE harrte in Köping aus, wo er sich in kurzer Zeit die Zuneigung der Bevölkerung erworben hatte, die es auch im Verein mit der Stadtverwaltung und dem Landeshauptmanne erreichte, daß ihm das Privilegium für eine zweite Apotheke in Köping erteilt wurde. Ohne auf die Einzelheiten dieses für SCHEELEs Forschungen nur nachteiligen Kampfes um die Existenz näher einzugehen, ohne der Frage nachzugehen, was wohl SCHEELEs Beliebtheit in Köping so rasch und tief begründet haben mag, ohne den SCHEELEs Charakter beleuchtenden Verzicht auf die Selbständigkeit bei Belassung der Leitung der bestehenden Apotheke näher zu beleuchten, sei nur kurz darauf hingewiesen, daß SCHEELE gerade in diesen von der Sorge um das tägliche Brot erfüllten Herbst- und Wintermonaten des Jahres 1775 das Manuskript zu seinem größten Werke „Chemische Abhandlung von der Luft und dem Feuer" fertigzustellen vermochte. Trotz seiner unsicheren Lage, trotz seiner nur von Tag zu Tag begründeten Existenz wiederholte er all die zahlreichen Versuche von Uppsala, stellte er neue an, um die in dieser Arbeit niedergelegten Lehren zu begründen und zu festigen.

Über ein volles Jahr, bis in den August 1776 währte der Kampf und die Unsicherheit in Köping. Wie sehr müssen die Nachfahren diese materialistischem Geiste entsprungenen Hindernisse und Hemmungen bedauern.

Soll nun an dieser Stelle die Klage erhoben werden: „Welche Entdeckungen sind vielleicht dadurch der Menschheit verlorengegangen?" Nein! Man darf vielmehr, nimmt man SCHEELEs Charaktereigenschaften nur als

Ganzes, die Meinung vertreten, daß er sich durch diese Hindernisse nicht allzusehr, vielleicht sogar viel weniger, als man es vermuten könnte, von seinem Ziele ablenken ließ. Selten sind Klagen über das Mißgeschick in den Briefen dieser Zeit.

Am 18. Oktober 1776 konnte SCHEELE endlich die Apotheke POHL in Köping gegen die Verpflichtung, die alten Warenschulden und die Sorge für den Unterhalt der Witwe POHLs und deren Sohn zu tragen, in eigenen Besitz übernehmen.

Das Laboratorium, in dem SCHEELE während der Jahre 1775 bis 1782 arbeitete, war mehr als bescheiden. Eine Hofscheune aus Holz war durch eine Bretterwand in zwei Teile getrennt. In der einen Hälfte wurden landwirtschaftliche Geräte aufbewahrt; die andere Hälfte diente dem erfolgreichsten Experimentator seiner Zeit als Laboratorium. Selten sind in der Geschichte des menschlichen Geistes aus so einfacher Werkstätte mit so einfachen Hilfsmitteln so weittragende Leistungen hervorgegangen.

SCHEELEs weiterer Lebenslauf läßt sich von nun an in zwei gesonderten Bahnen schildern: das Leben im Berufe und das Leben als Forscher.

SCHEELE wird von seinen Zeitgenossen als überaus tüchtiger und gewissenhafter Apotheker geschildert. Seine Bedürfnislosigkeit, seine Sparsamkeit versetzten ihn 1782 in die Lage, mit der Apotheke und mit dem Laboratorium in ein von ihm erworbenes und seinen Zwecken durch Umbauten angepaßtes Haus am Großen Platz zu übersiedeln. Dort blieb SCHEELE weiter beruflich tätig, zeitweise unterstützt, zeitweise allein alle Arbeit besorgend, bis zu seinem viel zu frühen Tode.

Nicht so kurz und so einfach ist dagegen das zweite Leben zu schildern, das SCHEELE als Forscher lebte.

Wieviel Sorge und Ärger bereitete ihm nicht die Drucklegung seines Werkes „Chemische Abhandlung von der Luft und dem Feuer". Der Verleger SWEDERUS und zum Teil auch BERGMAN tragen die Schuld an dem verspäteten Erscheinen dieses für die Entwicklung der Chemie so wichtigen Werkes. Es würde hier viel zu weit führen, alle Einzelheiten zu schildern.[1] Fest steht nur, daß die Entwicklung der Chemie wahrscheinlich, die Geschichtsschreibung dieser Disziplin aber bestimmt anders verlaufen wäre, wenn dieses Buch nicht im Sommer 1777, sondern alsbald nach der Fertigstellung erschienen wäre.

Das Jahr 1777 stellt auch sonst in SCHEELEs Leben den Höhepunkt an äußeren Ereignissen dar. So wie SCHEELE nur einmal von Malmö nach Stralsund reiste, so fuhr er auch nur einmal von Köping nach Stockholm. Zweifach war hierzu die Veranlassung, zum einen die Vorstellung in der Akademie der Wissenschaften mit dem Einführungsvortrag, zum anderen die Ablegung der noch immer ausständigen Apothekerprüfung.

Am 29. Oktober 1777 nahm SCHEELE mit dem Vortrage „Art und Weise, Mercurius dulcis auf nassem Wege zu bereiten" seinen Platz in der Königlich schwedischen Akademie der Wissenschaften ein. Es dürfte dies der erste und zugleich auch der letzte öffentliche Vortrag SCHEELEs gewesen sein. TORBERN BERGMAN, nun schon lange SCHEELEs Freund, antwortete namens der Akademie. Er wurde SCHEELE und seiner Bedeutung als Forscher und als Mensch gerecht.

Die für den 11. November 1777 anberaumte Apothekerprüfung wurde vom Collegium medicum unter dem Vorsitze des Archiaters BAECK zu einem pro-forma-

---

[1] l. c. VII, 203 ff.

Examen und darüber hinaus zu einem Huldigungsakte für SCHEELE gestaltet.

So kehrte denn SCHEELE wenige Tage später, geehrt, der Freundschaft zahlreicher bedeutender Männer versichert, mit einem Forschungsstipendium der Akademie der Wissenschaften ausgestattet, nach dem stillen Köping zurück.

In das Jahr 1777 fällt auch der von mir erstmalig veröffentlichte Schriftenwechsel[1] über die Berufung SCHEELES durch Friedrich den Großen nach Berlin. SCHEELE lehnte aber diesen für ihn so ehrenvollen Antrag ebenso wie die spätere Einladung nach England ab. Er widerstand lockenden Angeboten, der mit diesen immer verbundenen Verpflichtungen aller Art wegen und zog es vor, als einfacher Landapotheker den zahlreichen noch ungelösten, in ihm ruhenden Problemen nachzugehen. In stets gleichbleibender Teilung seines Lebens in Beruf und Forschung floß sein Dasein in ruhigen Bahnen dahin. Wohl kamen aus aller Herren Länder Gelehrte zu ihm, wohl brachten Ehrungen wissenschaftlicher Gesellschaften (Turin, Paris, Verona, Erfurt) Abwechslung in sein stilles Gelehrtenleben. Auch an Einladungen, Vorträge zu halten, fehlte es nicht. Doch SCHEELE vermied bewußt alles, was ihn von seinen Experimenten hätte ablenken oder gar abhalten können. Er zog die ihm durch seine Einsamkeit ermöglichte Sammlung dem manchmal gar sehr vermißten mündlichen Gedankenaustausch vor.

Zur Schilderung von CARL WILHELM SCHEELES einzelnen Entdeckungen und Untersuchungen übergehend, ist vorerst darauf zu verweisen, daß es mehrere Möglichkeiten, dies zu tun, gibt.

---

[1] l. c. VII, 217 ff.

Die eine Art, SCHEELEs Leistungen vor Augen zu führen, zählt streng zeitlich geordnet die Versuche und ihre Folgerungen auf.

Die zweite Art wählt, davon abweichend, aus vornehmlich zwei Gründen, eine innere Gliederung. Da SCHEELE begonnene Überlegungen und Versuche äußerer Umstände halber nicht immer ohne Unterbrechung zu Ende führen konnte, ergäbe eine streng zeitgerechte Berichterstattung eine durch Umstände, die außerhalb SCHEELEs lagen, bedingte Einteilung. Auch wurde manche Entdeckung SCHEELEs erst Jahre nachher veröffentlicht.

Bei einer sachgemäßen inneren Gliederung lassen sich die natürlichen Zusammenhänge zwischen SCHEELEs einzelnen Arbeiten besser erkennen.

Es gäbe noch eine dritte Möglichkeit der Darstellung von SCHEELEs Leistungen, nämlich die Einteilung nach den Gebieten der anorganischen, organischen, physikalischen und technischen Chemie. Hierbei wäre aber die Zerreißung von Zusammengehörigem und eine Vereinigung von in SCHEELEs Gedankenleben völlig Getrenntem die Folge. —

Zumeist wird in dem Schrifttum die Abscheidung der Weinsäure aus dem Weinstein als die erste selbständige Entdeckung SCHEELEs angeführt.

Es liegen aber noch zwei andere Beobachtungen SCHEELEs weiter zurück, die nur deshalb weniger bekannt sind, weil sie nicht veröffentlicht wurden.

Erstens die Beobachtung, daß *Wasserstoff* auch bei der Auflösung von Eisen in organischen Säuren und bei dem Rosten des Eisens in Wasser entwickelt wird, worüber SCHEELE in der nicht veröffentlichten Arbeit über „*Die Bereitung der globuli martiales*" berichtete (Dezember 1767).

Zweitens die *Entdeckung und Untersuchung der salpe-*

trigen Säure. Sie ist ebenfalls in das Jahr 1767 zu verlegen. Der älteste erhalten gebliebene Brief SCHEELEs, er ist an ANDERS JAHAN RETZIUS gerichtet, handelt hiervon. „... ist ihnen Mein Herr ein acidum nitri bekant, welches sich mit einen vegetabilisch(en) acido von seinem alcali ohne Feuer scheiden läßt! Ich habe diese besondere Säure bey der bereitung des Croci martis Stahlii aperitivi[1] observiret und nachgehens auch beym antimonium diaph(oreticum)[2] die unterschiedliche und besondere Eigenschaften so ich bey untersuchung dieser Säure gefunden..."

Über die Eigenschaften der neu gefundenen salpetrigen Säure hat sich SCHEELE dann in einem ausführlichen, vor dem 28. März 1768 an RETZIUS geschriebenen Berichte geäußert.[3]

Schon die nächste Entdeckung SCHEELEs führt mitten in das Gebiet der organischen Chemie, die durch ihn so mächtig gefördert worden ist. Es gelang ihm nämlich, durch die Zerlegung von wein(stein)saurem Kalium (Cremor tartari) die *Weinsteinsäure* abzusondern. Vorerst wurde SCHEELEs gleichaltriger Freund ANDERS JAHAN RETZIUS für den Entdecker dieser Pflanzensäure gehalten. Die Erklärung hierfür ist darin gelegen, daß RETZIUS die gemeinsame Arbeit, deren Hauptanteil aber SCHEELE zufällt, unter seinem eigenen Namen veröffentlicht und SCHEELEs nur im Texte gedacht hat.

---

[1] Wurde durch Zusammenschmelzen von einem Teil Eisenfeile, zwei Teilen Schwefelantimon und einem Achtteil reinem Calciumcarbonat dargestellt. Die Schlacke dieses Schmelzproduktes wurde mit Wasser ausgelaugt, das Ungelöste getrocknet und mit dem dreifachen seines Gewichtes Salpeter detoniert.

[2] Wurde durch Detonation von Schwefelantimon mit Salpeter erhalten.

[3] l. c. IV, 128.

Die wohl von SCHEELE verfaßte, von RETZIUS überholte und auch ergänzte Arbeit ist unter dem Titel: „Försök med vinsten och dess syra" (Versuch mit Weinstein und seiner Säure) 1769 in den „Abhandlungen" der Königlich schwedischen Akademie der Wissenschaften erschienen. Damit hat SCHEELES Name erstmalig Eingang in die Annalen gefunden, die der vornehmste Vermittler seiner Ideen werden sollten.

Daran reiht sich als erste selbständig erschienene Arbeit SCHEELES die „Undersökning om fluss-spat och dess syra" (*Untersuchung des Flußspats und dessen Säure*). Diese Veröffentlichung beinhaltet die Entdeckung der *Fluß-*(spat-)*säure*. SCHEELE erhitzte Flußspat mit Vitriolöl und erhielt dabei die neue Säure und eine Erde, die er sich ebenfalls aus dem Flußspat stammend dachte. Durch die Verwendung von gläsernen Gefäßen entstand hinsichtlich der sich bildenden Erde ein Irrtum, den aufzuklären erst später anderen Chemikern gelang.

Diese neue Säure wurde aber nicht sofort allseits anerkannt. So bestritten z. B. BOULANGER und MONNET ihre Eigenart, indem der erste sie für eine Art Salzsäure, der letztere für eine verflüchtigte Vitriolsäure hielt. SCHEELES Experiment, auf den Flußspat Vitriolsäure einwirken zu lassen, hatte schon vorher MARGGRAF[1] durchgeführt und in den Memoiren der Preußischen Akademie der Wissenschaften (1768) beschrieben. Ob SCHEELE diese Veröffentlichung MARGGRAFs, die von der Ausscheidung einer „flüchtigen Erde" berichtet, kannte, ist ungewiß. Vielleicht hat sie ihn zur Anstellung weiterer Versuche angeregt. SCHEELE kam aber auf jeden Fall durch die Feststellung einer Flußsäure eigener Art über MARG-

---

[1] 1709 bis 1782.

GRAFs Ergebnis hinaus. Da SCHEELE bei seinen Experimenten nur Glasgefäße zur Verfügung standen, so konnte er nie reine Flußspatsäure, sondern nur eine stark mit Kieselsäure verunreinigte erhalten. Erst WENZEL gelang im Jahre 1783 der Nachweis, daß die SCHEELEsche Flußsäure kieselsäurefrei erhalten werden kann, wenn man Apparate aus Metall verwendet.

SCHEELE hat noch später, 1780 und 1781, zu dieser Frage Stellung genommen und seine Ansicht von der Eigenart der Flußspatsäure anderen Meinungen gegenüber verteidigt.

Ein anderer Stoff, dem SCHEELE weitgehendes Interesse abgewann, ist der *Phosphor*. Die Beschäftigung hiermit läßt sich auf Grund der vorhandenen Aufzeichnungen und Briefe bis 1768 zurückverfolgen. In diesem Jahre ersuchte SCHEELE RETZIUS um die Übersendung der beiden versprochenen Arten von BALDUINs Phosphor.[1]

Im Winter 1769 und im Frühjahr 1770 untersuchte SCHEELE verbranntes Hirschhorn und berichtet hierüber J. G. GAHN, daß es aus einer gewöhnlichen Kalkerde und aus Kalk, verbunden mit einer „unbekannten Substanz" bestehe. SCHEELE schildert dann noch deren Reaktionen.

J. G. GAHN, angeregt durch diese Mitteilungen, die nichts anderes als die Entdeckung einer Phosphorverbindung als „unbekannte Substanz" im Hirschhorn verbargen, arbeitete weiter und fand, daß die animalische Erde SCHEELEs aus Kalk und Phosphorsäure bestehe. SCHEELE wollte fürs erste diese Nachricht nicht anerkennen. Erst im Sommer 1770 konnte er sich selbst von der richtigen Deutung seiner Entdeckung durch GAHN dadurch über-

---

[1] l. c. IV, 130.

zeugen, daß es ihm gelang, aus Tierknochen Phosphor zu gewinnen.

Es gehört demnach die Feststellung, daß animalische Erde (Hirschhorn, Knochen) phosphorsauren Kalk enthält, SCHEELE und GAHN gemeinsam zu. Ausführlich ist über diese für die spätere Phosphorgewinnung wichtige Entdeckung in einem Briefe SCHEELES an F. ROTHBORG[1] die Rede. ROTHBORG berichtete seinerseits über dessen Inhalt an den Verfasser der „Nya lärda tidningar" (1774). In diesem Schreiben SCHEELEs wird ausdrücklich der gemeinsamen Arbeit mit J. G. GAHN Erwähnung getan und der Vorgang des Prozesses genau beschrieben. SCHEELE hat demnach im Verein mit GAHN und jenen Männern, wie WIEGLEB, HAGEN, STRUVE u. a., die später das Verfahren der technischen Herstellung verbesserten, die alte Art der Gewinnung von Phosphor aus Urin entbehrlich gemacht. Es soll noch daran erinnert werden, daß SCHEELE den Phosphor keineswegs als Element, sondern, den Gedankengängen der Phlogistontheorie folgend, als eine Verbindung von Phosphorsäure mit Phlogiston ansah.

In den Laboratoriumsnotizen der Jahre 1770 bis 1772, die SCHEELE in Uppsala schrieb, sind auch Anmerkungen über *Magnesia nigra* enthalten. Sie stellen den Ausgangspunkt von drei weiteren wichtigen Entdeckungen dar. Von jenen ausgehend läßt sich der Gedankengang SCHEELEs über einzelne erhalten gebliebene Briefe bis zu dem Zeitpunkt verfolgen, da die Versuche so weit gediehen waren, um als eigene Arbeit unter dem Titel: „Om brunsten eller magnesia, och dess egenskaper" (Über den Braunstein oder Magnesia und dessen Eigenschaften)

---

[1] Ein schwedischer Pharmazeut. l. c. VI, 176.

in die Verhandlungsschriften der Akademie der Wissenschaften aufgenommen zu werden (1. Juli 1774).

Die Mitteilung an J. G. GAHN vom 2. Dezember 1771 „Die Versuche mit magnesia nigra sind noch nicht abgeschlossen" zeigt, daß SCHEELE bereits in diesem Jahre mit den Untersuchungen über den Braunstein sehr weit vorgeschritten war. Sie konnten aber wohl hauptsächlich aus Zeitmangel und wegen der sich immer wieder neu ergebenden Fragen erst 1774 veröffentlicht werden.

SCHEELEs Arbeit über den Braunstein und dessen Verhalten zu den verschiedensten Stoffen hat in kurzer Zeit eine umfangreiche Literatur über diesen Körper ausgelöst, wie sie ihn ja selbst zu weiteren Untersuchungen und Entdeckungen angeregt hat. Schon von einem Zeitgenossen SCHEELEs wurde diese Arbeit als ein „Meisterstück von chemischer Untersuchung" bezeichnet. Und mit vollem Recht. Denn sie enthält neben der Entdeckung der Manganerde und des Chlors, das von SCHEELE als „dephlogistisierte Salzsäure" bezeichnet wurde, noch die Auffindung der Baryterde.

Der Braunstein, schon seit langem als magnesia vitrariorum im Gebrauch, wurde zu SCHEELEs Zeiten magnesia nigra genannt und war auch schon vor SCHEELE mehrfach Gegenstand chemischer Untersuchung.

SCHEELE fand, daß der Braunstein, der bisher unter die Eisensteine gereiht wurde, einen besonderen, unbekannten metallischen Körper enthält. Dieser wurde von BERGMAN Magnesium benannt, da er aus magnesia nigra gewonnen wurde.

Der erste schriftliche Beleg für die Entdeckung des Baryts in Form der Schwererde fällt schon in den Februar 1774. Neben dem barythaltigen Braunstein diente SCHEELE auch ein kristallisierter Schwerspat, der in geringen

Mengen zusammen mit dem Braunstein vorkommt, als Ausgangsmaterial. SCHEELE sandte später Proben dieser Schwerspatkristalle an J. G. GAHN, dem es dann nachzuweisen gelang, daß die von SCHEELE im Braunstein und im kristallisierten Schwerspat entdeckte neue Erde auch im derben Schwerspat enthalten ist.

Dadurch aber war zugleich die Natur des Schwerspats erkannt, der bis dahin für eine besondere Gipsart von größerer Schwere gehalten wurde.

SCHEELE, durch dessen Scharfsinn die Chemie schon um mehrere neue Körper bereichert worden war, vermehrte deren Zahl noch im gleichen Jahre um einen weiteren, das *Chlor*.

Es gelang ihm nämlich, die Salzsäure, deren Verhalten zum Braunstein er prüfte und von der man bisher keine andere Veränderung als die der Konzentration der wässerigen Lösung kannte, zu zerlegen. SCHEELE nahm an, daß bei der Einwirkung der Salzsäure auf den Braunstein das Phlogiston der Salzsäure an den Braunstein abgegeben werde und daß demnach das sich dabei entwickelnde Gas Salzsäure vermindert um Phlogiston, also dephlogistisierte Salzsäure sei. Die wahre Natur des von SCHEELE entdeckten Chlors erkannte erst DAVY[1] im Jahre 1810.

Mit der Auffindung dieses neuen Körpers begnügte sich jedoch SCHEELE nicht. Er schloß vielmehr eine Reihe von eingehenden Versuchen an, die die wichtigsten Eigenschaften des Chlors aufdeckten.

Die für den Apotheker so wichtige Droge *Benzoe* erregte ebenfalls SCHEELEs besonderes Interesse. Bis dahin war die Sublimierung der bekannteste Weg, das Benzoe-

---

[1] 1778 bis 1829.

salz (Benzoeblumen, flores benzoes) aus dem Benzoeharz zu gewinnen. Auch durch bloßes Auslaugen des Harzes mit Wasser wurde das Benzoesalz, wenngleich mit bedeutend geringerer Ausbeute, gewonnen.

SCHEELE, in dessen Arbeitsgebiet neben rein theoretischen Fragen auch Probleme von praktischer Auswirkung lagen, mußte sich früher oder später die Aufgabe stellen, eine bessere und ergiebigere Gewinnung des Benzoesalzes zu finden. Schon im Jahre 1774 machte er P. J. BERGIUS von seinen dahin gerichteten Versuchen Mitteilung und erklärte sich bereit, über Wunsch seine neue Art der Bereitung des Benzoesalzes niederzuschreiben und der Akademie der Wissenschaften zur Verfügung zu stellen.

Die Abhandlung „Anmärkningar om Benzoe-Saltet" *(Anmerkungen über das Benzoe-Salz)* ist denn auch am 1. Juli 1775 erschienen. SCHEELEs Verdienst liegt in der Auffindung eines nassen Weges mit größerer als bisher erzielter Ergiebigkeit. Zu diesem Zwecke kochte er pulverisiertes Benzoeharz mit gebranntem Kalk (Kalkmilch) und Wasser, filtrierte ab und ließ das Filtrat auf eine quantitativ genau bestimmte Menge einkochen, um dann so lange Salzsäure zuzufügen, bis keine Fällung mehr erfolgte. Diese von SCHEELE angegebene Bereitungsweise fand bald weite Verbreitung. HERMBSTÄDT[1] sah sie als die den Vorzug verdienende Herstellungsweise von Benzoesalz an. Andere Autoren, z. B. GÖTTLING[2], bezeichneten die ebenfalls von SCHEELE angegebene Bereitungsweise, bei der an Stelle des Kalkes fixes Alkali verwendet wurde, als besser, da das zurückbleibende Benzoeharz in diesem Falle noch für andere, nichtmedizinische Zwecke zu ver-

---

[1] 1760 bis 1833.
[2] 1755 bis 1809.

wenden war. SCHEELE hat somit den Anstoß gegeben, das damals mangels geeigneter Apparaturen unzweckmäßige Sublimationsverfahren zu verlassen, und zugleich das Verfahren gefunden, die Kalksalze zum Isolieren vegetabilischer Säuren zu benützen.

Neben diesen bereits zahlreichen, den verschiedensten Teilgebieten der Chemie angehörenden Entdeckungen hat SCHEELE auch noch ein anderes großes und vielgestaltiges Problem zu lösen versucht.

Ein innerer Drang veranlaßte ihn, Ordnung und Klarheit in die Begriffe *Luft, Feuer, Licht und Wärme* vom chemischen Standpunkt aus zu bringen.

Auch an SCHEELE war die alte, bedeutungsvolle Frage: Ist die atmosphärische Luft ein einfacher oder ein zusammengesetzter Körper? herangetreten.

Um SCHEELEs Verdienst besser verstehen und würdigen zu können, ist es wohl notwendig, kurz anzuführen, was er selbst unter den Begriffen Feuer, Luft und Licht verstand, und zwar nach Vollendung seines größten Werkes. Eine wenn auch noch so gedrängte Entwicklungsgeschichte seiner eigenen Meinung hier wiederzugeben, fehlt es an Raum.

SCHEELE sagt:

„Ich sah die Notwendigkeit ein, das Feuer zu kennen, weil ohne dieses kein Versuch anzustellen und keines Auflösungsmittels Wirkung ohne Feuer und Wasser auszuüben möglich ist. Ich fing also an, alle Erklärungen vom Feuer an die Seite zu setzen; ich nahm eine Menge von Versuchen über mich, um diese so herrliche Erscheinung soviel als möglich auszugründen. Ich merkte aber bald, daß man ohne die Erkenntnis der Luft über die Erscheinungen, welche das Feuer darbietet, kein wahres Urteil fällen könnte (§ 3).

Die Luft ist dasjenige flüssige unsichtbare Wesen, welches wir beständig einatmen, den Erdboden allenthalben umgibt, sehr elastisch ist und eine Schwere besitzt. Sie ist beständig mit einer erstaunlichen Menge von allerlei Ausdünstungen angefüllt, ... unter diesen fremden Teilchen haben die Wasserdünste beständig das Übergewicht. Es ist aber die Luft auch noch mit einem anderen elastischen luftähnlichen Körper vermischt, ... der Luftsäure (fixe Luft)... Sie hat ihr Dasein von denen durch die Fäulung oder Verbrennung zerstörten organisierten Körpern (§ 4).

Körper, welche der Fäulung oder Zerstörung durchs Feuer unterworfen sind, vermindern und verschlingen gleichsam einen Teil Luft; zuweilen geschieht es, daß sie die Luftmasse merklich vermehren und endlich eine gegebene Menge Luft weder vermehren noch vermindern (§ 6)...

Wenn ich folglich eine dem äußerlichen Ansehen nach der Luft ähnliche Flüssigkeit habe, und finde, daß diese die angeführten Eigenschaften nicht hat, oder daß ihr auch nur eine fehlen sollte, so halte ich mich für überzeugt, daß es *nicht* die gewöhnliche Luft sei (§ 7).

Die Luft muß aus elastischen Flüssigkeiten von zweierlei Art zusammengesetzt sein (§ 8)."

Später hat sich SCHEELE auch mit quantitativen Untersuchungen über das Verhältnis dieser beiden Bestandteile der Luft beschäftigt und seine Ergebnisse in der Abhandlung *„Über die Menge reiner Luft, die sich täglich in unserem Luftkreise findet"* (1779) niedergelegt. Durch ein ganzes Jahr hat SCHEELE Versuche hierüber angestellt und ist schließlich zu dem Ergebnis gekommen, „daß unser Dunstkreis allezeit bis auf einige geringe Unterschiede eine große Menge dephlogistisirte oder reine Luft, nämlich 9/33 enthalten muß".

„Man sieht aus diesen Erfahrungen, daß bei jedem Versuche das Phlogiston, dieser einfache brennbare Grundstoff, zugegen ist. Man weiß, daß die Luft das Brennbare der Körper stark an sich zieht und selbiges ihnen raubt... es ist auch... zu sehen, daß eine gegebene Menge Luft sich nur mit einer gewissen Menge vom brennbaren Wesen verbinden und gleichsam saturiren kann (§ 16).

Versuche, welche beweisen, daß die gewöhnliche, aus zweierlei Arten elastischen Flüssigkeiten bestehende Luft, nachdem sie durch das Phlogiston von einander getrennt, wieder kann zusammengesetzt werden (§ 24).

... Ich bekomme daher Anlaß zu mutmaßen, daß bei jedweder Verbindung des Phlogistons mit der Luft eine Hitze erzeugt werde, und folglich die Hitze aus derjenigen Luft, welche den dritten Teil in der allgemeinen Luft ausmacht, und einem brennbaren Principio zusammengesetzt ist (§ 28)."

SCHEELE sagt weiter:

„Ich legte eine Unze gereinigten Salpeter in einer gläsernen Retorte zum Destilliren ein und gebrauchte eine feucht gemachte und von Luft ausgeleerte Blase statt eines Recipienten. Sobald als der Salpeter zu glühen anfing, kam er auch ins Kochen, und in eben der Zeit wurde die Blase von der übergehenden Luft ausgedehnt; ich fuhr mit der Destillation so lange fort, bis das Kochen in der Retorte aufhörte und der Salpeter durch die weiche Retorte dringen wollte. In der Blase erhielt ich die reine Feuerluft, welche den Raum von fünfzig Unzen Wasser einnahm. *Dieses ist die wohlfeilste und beste Methode, die Feuerluft zu bekommen* (§ 35).

Es zeigen also diese Versuche, daß diese Feuerluft eben die Luft ist, vermittelst welcher das Feuer in der allgemeinen Luft brennt; sie ist nur bloß hier mit einer solchen Luft vermischt, welche zum Brennbaren gar keine Anziehung zu haben scheint, und diese ist es, welche der sonst schnellen und heftigen Entzündung etwas Hinderung im Wege legt (§ 50).

Es folgt aus diesen Versuchen, daß die mit der Luft in dem Ofen aufsteigende und durch die Feuermauer fahrende *Hitze* von der aus der Ofentüre in die Stube streichenden wirklich unterschieden ist. Daß sie sich in geraden Linien von ihrem Erzeugungspunkte entfernt, und von den polierten Metallen unter selbigem Winkel, als der Anfallswinkel gewesen, wieder zurückgeworfen wird. Daß sie sich mit der Luft nicht verbindet, und folglich auch von dem Strom der Luft keine andere Direktion, als sie im Anfange ihrer Entstehung erhalten, annehmen kann... (§ 57).

Da aber kein Feuer ohne *Licht* kann gedacht werden, so ist noch diese wunderbare Erscheinung übrig, ehe man von dem, was das Feuer ist, einen gründlichen Unterricht erhalten kann. Daß das Licht der Sonnen und das Licht des brennenden Feuers einerlei Ding sei, daran ist nicht zu zweifeln, denn es wirkt auf das Auge völlig so wie das Sonnenlicht und zeigt durch das Prisma ebendieselben Arten von Farben. Da es aber weit schwächer ist, so ist es auch nicht zu wundern, daß die mit dem Brennglase zusammengezogenen Strahlen nicht brennen.

Daß das Licht unter die Zahl der Körper so wie die Wärme gehöre, daran ist gleichfalls nicht zu zweifeln. Daß aber Licht und Wärme einerlei sind, kann ich um so viel weniger glauben, da die Erfahrungen vielmehr das Gegenteil beweisen (§ 59).

Wäre das Licht ein einfaches Wesen, so würde man, sowohl aus angeführten Versuchen als auch aus mehreren bereits bekannten Erfahrungen zu schließen, kein Bedenken tragen, daß es nichts anderes als das Principium inflammabile oder Phlogiston sei. Da ich aber bewiesen, daß dieses Element, in der Verbindung mit der Feuerluft, die Hitze und Wärme zusammensetzt, unsere Atmosphäre aber mit einer großen Menge einer solchen Feuerluft angefüllt ist, so müßte folgen, daß das aus der Sonne beständig ausfließende Phlogiston sich mit unserer Feuerluft verbinde, alsdann bloß Hitze zuwege bringe, und wir demnach in einer dicken Finsternis wandern müßten. Nun aber finden wir, daß das Licht, wie stark es auch in die Enge gebracht wird, keine Wärme in der Luft hervorbringt, folglich kann ich mich nicht überreden, das Licht für ein reines Phlogiston zu erkennen... (§ 66). Die schönen Farben, womit das Licht beständig prangt, sind drittens Beweise, daß das Licht nicht lauter Phlogiston sein kann. Ihre Anziehungskräfte, womit sie auf die Körper so verschieden wirken, geben schon zu erkennen, daß sie nicht können gleichartig sein, und folgende Erfahrung gibt dieser Meinung noch ein größeres Gewicht: Man setze ein gläsernes Prisma vor das Fenster und lasse die gebrochenen Sonnenstrahlen auf die Erde fallen; in dieses farbige Licht lege man ein Stück Papier, welches mit Hornsilber bestreut ist; so wird man gewahr werden, daß dieses Hornsilber in der violetten Farbe weit eher schwarz wird als in den anderen Farben, das ist, daß der Silberkalk das Phlogiston von dem violetten Lichte eher als von den übrigen Farben scheidet. Da ich nun das Dasein des Brennbaren im Lichte bewiesen, auch dabei gezeigt, daß es nicht lauter Phlogiston sein kann, so folgt, daß das Licht für kein einfaches Wesen angesehen werden kann (§ 66).

Ich glaube demnach, daß jedes Lichtteilchen nichts anderes ist als ein zartes Teilchen Feuerluft, welche mit ein wenig mehr Phlogiston, als ein eben so zartes Teilchen Wärme hat, verbunden ist (§ 69)."

Zu der Erklärung des Begriffes *Feuer* ist die SCHEELEsche Definition des Begriffes „Phlogiston" erforderlich. Sie lautet: „1. Das Phlogiston ist ein wahres Element, und ein ganz einfaches Principium. 2. Es kann durch die Anziehungskräfte gewisser Materien von einem Körper in dem andern versetzet werden; diese Körper leiden alsdann wichtige Veränderungen, so daß sie nicht selten dadurch geschickt werden, durch die Wirkung der zwischen ihren Theilchen sich setzenden Wärme oder Hitze, in Fluß oder auch in elastischen Dunst zu gerathen: und in dieser Absicht ist es die Hauptursache zum Geruch. 3. Sehr oft bringt es die Theilchen der Körper in eine solche Stellung, daß diese entweder alle, oder nur gewisse Lichtstrahlen, oder auch wohl gar keine anziehen. 4. Bey dem Übergange von einem Körper in dem andern, theilet es ihm weder Licht noch Hitze mit. 5. Mit der Feuerluft aber gehet dieses Element in eine so zarte Verbindung, daß es sehr leicht durch die zartesten Oefnungen aller Körper dringet. Es entstehet nemlich aus dieser Vereinigung die Materie des Lichts sowohl als auch die Materie der Wärme. Bey allen diesen Verbindungen untergeht das Phlogiston nicht die geringste Veränderung, und kann aus der letzten Verbindung wieder von neuem geschieden werden. Für sich allein kann das Phlogiston unmöglich erhalten werden, denn es scheidet sich von keinem Körper, wenn es auch noch so locker mit ihm verbunden ist, woferne nicht ein anderer zugegen ist, welcher es unmittelbar berühret (§ 72)."

Das von SCHEELE als Element angesehene Phlogiston mußte demnach im Rahmen seiner eigenen Entwicklung und bedingt durch seine eigenen Entdeckungen mancherlei Wandlungen durchmachen.

Nach der Lehre STAHLs kann ein Körper nur dann

und nur so lange brennen, wenn und solange er Phlogiston enthält. Das Phlogiston entweicht beim Verbrennen eines Körpers und die dabei auftretenden Lichterscheinungen (Feuer) sind durch die Schwingungen des entweichenden Phlogistons zu erklären.

Die verhältnismäßig große Leichtigkeit, mit der die Verbrennungserscheinungen durch das hypothetische Phlogiston erklärt werden konnten, hatte zur Folge, daß es auch zum Träger anderer körperlicher Eigenschaften, wie Farbe, Geruch und Geschmack, wurde.

Die Entwicklungsgeschichte des Begriffes Phlogiston gehört zu den anregendsten Abschnitten der Geschichte der Naturwissenschaften, wenngleich das Phlogiston nichts anderes war, als ein den jeweiligen Bedürfnissen angepaßter, aber auch anpassungsfähiger Behelf in Gestalt eines terminus technicus, dem SCHEELE mit folgenden Worten elementaren Charakter verlieh: „Das Phlogiston ist in allen Körpern einerley und nicht im geringsten unterschieden; das im Golde und Silber ist dem gleich, so in Eisen und Öl vorhanden (§ 66)."

Zum Schlusse dieses Abschnittes sei noch SCHEELES Definition für *Feuer* mitgeteilt.

„Das Feuer ist derjenige bekannte mehr und weniger hitzende und mehr und weniger leuchtende Zustand gewisser Körper, in welchen sie durch Hülfe der Luft gerathen, nachdem sie vorher einen gewissen Grad von Hitze empfangen haben, bey welchem Zustande sie in ihre Bestandtheile aufgelöset und gänzlich zerstöhret werden, wobey auch ein besonderer Theil der Luft allemal verlohren gehet (§ 75)."

Das nächste Thema, über das SCHEELE öffentlich berichtete, handelt vom „*Arsenik und seiner Säure*". Auch hierzu reichen die Arbeiten über zwei Jahre zurück.

SCHEELE erkannte, daß der Arsenik eine besondere Säure in sich schließe und gab zwei Verfahren zur Gewinnung derselben an. Er hat es so ermöglicht, die von MACQUEUR[1] in Form eines arsenikalischen Mittelsalzes gefundene Arseniksäure rein und wasserfrei darzustellen. SCHEELE hat in der im 4. Quartal des Jahres 1775 der „Abhandlungen" der Akademie der Wissenschaften erschienenen Arbeit „Om arsenik och dess syra" das Verhalten dieser Säure zu den verschiedensten chemischen Stoffen aufgezeigt.

Mit der Veröffentlichung „Rön och anmärkningar om Kiesel, lera och alun" (*Über Kiesel, Ton und Alaun*) (1776) hat SCHEELE den Nachweis erbracht, daß die Kieselerde eine eigene und beständige Erde ist. Auch hier lassen sich die ersten Versuche bis in die Laboratoriumsnotizen der Jahre 1770 bis 1772 zurückverfolgen. BEAUMÉ[2] hatte nämlich eine Theorie aufgestellt, die in der Annahme gipfelte, daß Kieselerde in Alaunerde verwandelt werden könne. SCHEELE widerlegte auf Grund zahlreicher, auch sich selbst berichtigender Versuche diese irrige Meinung BEAUMÉs.

Wieder auf organisches Gebiet führt die „*Untersuchung über die Blasensteine*" (Undersökningar om blåse-stenen) (1776). SCHEELE hat zahlreiche Blasensteine und Harnsedimente untersucht und sie stets aus den gleichen Bestandteilen zusammengesetzt gefunden. Diese für die medizinische Wissenschaft wichtige Arbeit ließ die Hoffnung erstehen, auf Grund der nun bekannten Zusammensetzung dieser organischen Abscheidungen Lösungsmittel für sie zu finden. SCHEELE konnte in diesen Konkrementen neben Salmiak, Kochsalz, Digestivsalz, Glaubersalz u. a.

---
[1] 1718 bis 1784.
[2] 1728 bis 1804.

einen neuen, bisher unbekannten Stoff, die Blasensteinsäure (Harnsäure) nachweisen.

Diese Entdeckung ist um so wichtiger, als seit jeher den Harnkonkrementen besondere Aufmerksamkeit geschenkt wurde und die Vorstellungen hierüber immer sehr schwankend waren. Erst VAN HELMONT[1] verglich die Harnsäureabscheidung mit der Kristallisation des Weinsteines im Wein. Viele andere Männer des wissenschaftlichen Areopages haben sich, der medizinischen Bedeutung dieser Konkremente entsprechend, mit ihnen beschäftigt, darunter HALES, BOYLE, BOERHAAVE u. a. Aber erst SCHEELE gelang es, durch die Entdeckung der Harnsäure dieses Rätsel zu lösen.

Nach mehrjähriger Verzögerung ist endlich im Jahre 1777 SCHEELEs Hauptwerk „*Chemische Abhandlung von der Luft und dem Feuer*" erschienen. Der auf die Begriffe Feuer, Luft, Wärme, Licht und Phlogiston Bezug habende Inhalt ist schon vorweggenommen worden. Viel bekannter als durch die Behandlung dieser Probleme ist SCHEELEs einzige in Buchform erschienene Arbeit durch die darin mitgeteilte Entdeckung des *Sauerstoffes* geworden.

Die Geschichte der Entdeckung des Sauerstoffes und auch der Leidensweg der Drucklegung dieser bedeutsamen Arbeit können als bekannt vorausgesetzt und daher hier übergangen werden.

Festgehalten sei aber, und dies kann nicht oft genug geschehen, daß SCHEELE bereits 1771/1772, also lange vor allen zeitgenössischen Chemikern, den Sauerstoff mehrfach isoliert hat.

Die früheste Stelle in SCHEELEs Schrifttum, die für die Beschäftigung mit diesem Stoffe Zeugnis ablegt, ist

---

[1] 1577 bis 1644.

wieder in den so inhaltsreichen Laboratoriumsaufzeichnungen aus der ersten Zeit des Aufenthaltes in Uppsala (1770/1772) zu finden. SCHEELE behandelte damals den Braunstein mit Vitriolöl und erhielt dabei die Vitriolluft (aër vitriolicus) als einen ihm bis dahin unbekannten Körper. Der Name dieser neuen Gasart hat dann des öfteren gewechselt, bis SCHEELE endgültig bei der Bezeichnung Feuerluft blieb.

Die Zahl der Chemiker, die sich zur Zeit SCHEELEs und nachher mit der Chemie der Luft beschäftigten, ist sehr groß. Unter ihnen sind außer PRIESTLEY[1] und LAVOISIER[2] noch KIRWAN, CAVENDISH, WHITE, DALBERG, BERGMAN, FONTANA und FOURCROY zu nennen.

Als Ausgangsmaterial zur Sauerstoffgewinnung diente SCHEELE außer dem Salpeter und der Salpetersäure noch Quecksilberoxyd, Braunstein, Quecksilberkarbonat, Silberkarbonat u. a.

In diesem Zusammenhange soll noch kurz auf zweierlei hingewiesen werden, und zwar einmal darauf, daß SCHEELE, einer der eifrigsten Verteidiger der phlogistischen Gedankenwelt, gerade durch sein Werk „Chemische Abhandlung von der Luft und dem Feuer" mit den ebenso zahlreichen wie vielseitigen Untersuchungen und der Entdeckung des Sauerstoffes die wichtigsten und wertvollsten Bausteine für das antiphlogistische System geschaffen hat. SCHEELE hat demnach den Grund zu jenem Lehrgebäude gelegt, das die Erkenntnisse seiner Gedanken richtig deuten und anwenden lehrte. Dann muß aber auch darauf verwiesen werden, daß die ersten und gerade wichtigsten Gegner des Phlogistons bis in die Zeit nach der Entdeckung des Sauerstoffes durch SCHEELE

---

[1] 1733 bis 1804.
[2] 1743 bis 1794.

Anhänger des Phlogistons gewesen waren und geblieben sind.

Scheeles Stellung zu Lavoisier und seiner Lehre wird meist unrichtig geschildert. Es kann hier nicht der Ort sein, sie ausführlich zu erklären und zu rechtfertigen. Aber sie wird jedem Kundigen verständlich, wenn ich nur darauf hinweise, daß Scheele das Erscheinen von Lavoisiers „Traité élémentaire de Chymie" im Jahre 1789 nicht erlebt hat. Hätte Scheele aber dieses Buch und nicht nur die bis zu seinem Tode ihm bekanntgewordenen Bruchstücke der antiphlogistischen Lehre kennengelernt, seine Stellungnahme wäre wohl bald nach einer gründlichen Überprüfung eine bejahende gewesen. Eines aber steht fest: die Phlogistontheorie war eine wissenschaftliche Grundlage und kaum ein zweites Mal wurde in der Entwicklung der Chemie mit Hilfe einer unrichtigen Theorie so viel Richtiges gefunden! Ihr vorzüglicher Wert lag in der Möglichkeit, eine Reihe von verschiedenen chemischen Vorgängen von einem einheitlichen Gesichtspunkte aus zu beurteilen.

Im übrigen muß, um hier nicht zu ausführlich zu werden, auf die Arbeiten von G. W. A. Kahlbaum, August Hoffmann, S. M. Jörgensen, M. Speter, Thor Ekecrantz u. a. verwiesen werden.

Zu den auch zu Scheeles Zeit häufig gebrauchten Arzneimitteln gehörte der mercurius dulcis oder das versüßte Quecksilber. Da dieses Präparat in vielen Apotheken selbst hergestellt wurde, so gab es eine Reihe von Bereitungsvorschriften, die durch Scheeles Schrift: Sätt at tilreda mercurius dulcis på våta vägen *(Mercurius dulcis auf dem nassen Wege zu bereiten)* um eine vermehrt wurde (1778). Schon in einem Briefe aus dem Jahre 1774 weist Scheele auf den Umstand hin, daß ein noch so lange geriebener mercurius dulcis nie so fein zu werden vermag als ein aus einer Solution ausgefälltes Pulver. Schon damals gelang es ihm, den mercurius dulcis durch Präzipitation zu erhalten.

Diese Arbeit ist aber auch deswegen von besonderem Interesse, weil ihr Inhalt Gegenstand der Antrittsrede SCHEELES in der Königlich schwedischen Akademie der Wissenschaften war. SCHEELES Methode wurde angefochten, von ihm verteidigt und später verbessert. SCHEELE rechtfertigte sich in einem Briefe an den Archiater BAECK, in dem er sagt, daß er das nach seiner Methode hergestellte versüßte Quecksilber „schon bey 2 Jahre in der receptur genutzet, ohne den geringsten Schaden davon zu mercken".

Eine ebenfalls praktischen Erwägungen entspringende Arbeit war die Schrift „*Eine bequemere und nicht so kostbare Art, Pulvis Algarothi zu bereiten*" (1778) (Et beqvämare och mindre kostsamt sätt at tilreda pulvis algerothi). Nicht so sehr die fallweise Verwendung dieses Medikamentes[1] an sich, sondern BERGMANS Vorschlag, pulvis Algarothi zur Bereitung des viel gebrauchten Brechweinsteines zu verwenden, hat SCHEELE veranlaßt, die bisherige beschwerliche und gesundheitsschädliche Bereitungsart zu verbessern.

Ein anderer Körper, der SCHEELES Interesse erregte, war der Molybdänglanz. SCHEELE fand in diesem Mineral, das er zuerst in Gestalt des blättrigen Molybdäns untersuchte, „etwas Eigentümliches" (Brief an J. G. GAHN vom 19. Dezember 1777), das ihn nicht mehr losließ. Er hatte gefunden, daß „Molybdena aus Sulphur, Phlogiston und einer ganz neuen Erdart bestehet" (Brief vom

---

[1] Benannt nach dem Veroneser Arzt VITTORIO ALGAROTTI; aus Spießglanz (Antimon) bereitet; Brechmittel.

24. April 1778 an SVEN RINMAN). Es war SCHEELE somit gelungen, die *Molybdänsäure* zu isolieren (1778). Die Reduktion der von SCHEELE entdeckten Molybdänsäure zu metallischem Molybdän gelang später (1781) dem schwedischen Chemiker HJELM, einem Schüler BERGMANs.

Im Sommer 1776 hat SCHEELE *eine neue grüne Farbe* aus Kupfervitriol und Arsenik hergestellt und darüber J. G. GAHN berichtet. Er hielt die Bereitungsvorschrift, vor allem den Gehalt an Arsen nicht geheim, da er nicht wollte, „daß jemand, der hiervon keine Kenntnis hat, sich bei der Bereitung und Anwendung dieser Farbe schaden könnte". Im 4. Quartal des Jahres 1778 der Verhandlungen der schwedischen Akademie der Wissenschaften ist über Wunsch der Akademie die genaue Bereitungsvorschrift unter dem Titel „*Zubereitungsart einer neuen grünen Erde*" (Tilrednings-sättet af en ny grön färg) erschienen. „Man löset zwey Pfund blauen cyprischen Vitriol in einem kupfernen Kessel über dem Feuer, in sechs Kannen (davon jede acht Pfund hält) Wasser auf. Hierauf löset man in einem andern kupfernen Kessel zwey Pfund weiße trockene Pottasche, und zwey und zwanzig Loth gepulverten Arsenik in zwey Kannen reinen Wasser auf, und seihet es durch Leinwand. Diese arsenikalische Lauge gießt man nun nach und nach zu dem zuerst aufgelösten Vitriol, wodurch sogleich die grüne Farbe zu Boden fallen wird, welche fleißig mit heißem Wasser ausgesüßt, auf ein aufgespanntes Tuch gebracht und abgetrocknet werden muß. Von dieser angegebenen Proportion erhält man gemeiniglich ein Pfund dreyzehn Loth von einer schönen grünen Farbe."

Ein weiterer Stoff, mit dem sich SCHEELE beschäftigte, war Plumbago officinalis, das Reißblei. Er fand, daß Reißblei von Molybdän (Wasserblei) gänzlich verschieden sei und daß Plumbago officinalis (Graphit) aus „Kohlensäure mit Phlogiston verbunden" bestehe. Dadurch ist dieser bisnun seinem Wesen nach unbekannte Körper der allgemeinen Kenntnis zugänglich gemacht worden. Aber auch das wichtige Nahrungsmittel *Milch* hat SCHEELE zum Gegenstande eingehender Untersuchungen gemacht und ist somit einer der Begründer der heutigen Lebensmittelchemie geworden. Die Auffindung der Milchsäure hat wiederum sein unerreichtes chemisches Ingenium erwiesen.

Die Vielheit der in der Milch enthaltenen Stoffe war es, die SCHEELE so mächtig anzog. Er fand denn auch in ihr Butter, Käse, Milchzucker, Extraktives, Salz, Wasser und die Milchsäure. Seine Versuche, die ihn zur Entdeckung der Milchsäure führten, hat SCHEELE in der Abhandlung „*Über Milch und ihre Säure*" (Om mjölk, och dess syra) veröffentlicht (1780). Daß in der Milch eine Säure enthalten sei, vermutete man schon lange, aber man hielt sie für Essigsäure. SCHEELEs Verdienst ist es nun, die besondere chemische Natur der Milchsäure erkannt zu haben.

Gleichzeitig hat SCHEELE aber auch eine Methode ausgearbeitet, acidum sacchari lactis, die *Milchzuckersäure*, herzustellen, und hat hierüber in der Abhandlung „*Über die Säure des Milchzuckers*" (Om mjölk-såcker-syra) (1780) berichtet. Über diese Säure, die SCHEELE durch Einwirkung von Salpetersäure auf Milchzucker erhielt, haben später LEONHARDI, GREN, HERMBSTÄDT u. a. Untersuchungen angestellt und dabei zu SCHEELEs Ansichten Stellung genommen.

Zu gleicher Zeit (1780) wurde auch der von SCHEELE *Sehleimsäure* genannte Stoff bei der Behandlung von Gummi mit Salpetersäure gefunden.

Durch die Lehre von der Verwandtschaft der Körper des deutschen Chemikers C. F. WENZEL[1] angeregt, hat SCHEELE auch zu dieser Frage Stellung genommen und sie in der Schrift „Einige beyläufige Bemerkungen über die Verwandtschaft der Körper" (1780) niedergelegt. Eine wirkliche Kenntnis der Stellung der beiden Chemiker zueinander, ist nur an Hand eines genauen Vergleiches der Lehre WENZELs und der 23 Bemerkungen SCHEELEs hierzu zu gewinnen. SCHEELE versuchte, seine auf experimentellem Wege gewonnenen, durch das phlogistische System gestützten Erfahrungen mit der neuen Lehre von der chemischen Verwandtschaft in Einklang zu bringen, aber auch gegen sie zu verteidigen. SCHEELEs eingehende Stellungnahme zu WENZELs Lehre ist der beste Beweis dafür, welche Bedeutung er ihr beilegte.

Das Jahr 1780 brachte außer den bereits besprochenen Entdeckungen noch die Entdeckung einer weiteren neuen Säure, der *Tungstein- oder Schwersteinsäure.* SCHEELE untersuchte das Mineral Tungspat (Tungstein)[2], dessen Zusammensetzung unbekannt war und das meist unter die Zinnerze eingereiht wurde, auf seine Bestandteile. Er fand dabei einen Körper, der seinen Eigenschaften nach mit keinem der bisher bekannten übereinstimmte. (Die Bestandteile des Schwersteines; Tungstens beståndsdelar) (1781).

Eine große Unklarheit herrschte zu SCHEELEs Zeit auch noch über den Begriff *Äther.* Gar Mannigfaches wurde darunter verstanden. Auch die Herstellungsverfahren für ein und denselben Äther waren durchaus nicht einheitlich und gaben keinerlei Gewähr, immer das gleiche Endprodukt zu erhalten.

---

[1] 1740 bis 1793. Chemiker der Meißener Porzellanfabrik und später Direktor der Freiberger Bergwerke.
[2] Scheelit, Calciumwolframat.

Und so war es denn naheliegend, daß der vielseitige SCHEELE auch hierin, schon vor allem sich selbst, Klarheit zu schaffen sich mühte.

Die hierüber angestellten Versuche sind in dem Aufsatze „*Versuche und Anmerkungen über den Äther*" (Rön och anmärkningar om aether) (1. Quartal 1782) zusammengefaßt. SCHEELE hat wohl mehrere Methoden zur Gewinnung des Äthers angegeben, aber seine Definition war doch noch recht unbefriedigend und zu allgemein: „Unter Äther versteht man in der Chemie ein sehr flüchtiges durchdringendes farbloses aromatisch riechendes und im Wasser auflösliches Öl." Die ersten Untersuchungen über dieses Thema reichen bis in das Jahr 1770 zurück. SCHEELE hat sich neben dem Salpetersäureäther und Salzsäureäther auch mit dem Essigäther (1781/1782), Benzoeäther und anderen Ätherarten befaßt.

Neben diesen mehr theoretischen Fragen hat sich SCHEELE zu dieser Zeit auch mit einer rein praktischen Angelegenheit, der *Aufbewahrung des Essigs*, beschäftigt. Die leichte Verderblichkeit des Essigs machte sich nicht nur im Haushalt, sondern auch in der Apotheke unangenehm bemerkbar.

Die im Jahre 1782 veröffentlichte Schrift „*Bemerkungen über eine Art, den Essig aufzubewahren*" (Anmärkningar om sättet at conservera ättika) schlägt vor, den Essig auf eine oder mehrere Flaschen zu füllen und diese geschlossen in einem Topf mit Wasser über das Feuer zu setzen. „Wenn das Wasser etwa eine Stunde gekocht hat, werden die Bouteillen aus dem Topf genommen. Dieser solchergestalt gekochte Essig hält sich mehrere Jahre." In diesem so einfachen Verfahren hat SCHEELE als erster die Grundlagen der Sterilisation bekanntgegeben.

Zu den bedeutendsten Arbeiten C. W. SCHEELES gehören die „*Versuche über die färbende Materie im Berlinerblau*" (Försök, beträffande det färgande ämnet uti berlinerblå) (veröffentlicht 1782, 4. Quartal). Auf diesem Gebiete lassen sich die ersten Versuche bis in das Jahr 1768 zurückverfolgen. Schon mit RETZIUS hat SCHEELE die Eigenschaften des färbenden Stoffes, zu dessen Bildung Eisen notwendig ist, zu ergründen versucht. Schon damals erkannte er, „daß der färbende Stoff im Berlinerblau aus einer Art von Säure besteht, daß der färbende Stoff mit vegetabilischem Alkali ein kristallisierendes Salz gibt".

Aber erst im Jahre 1782 kann SCHEELE an BERGMAN schreiben, daß er glaube, „endlich den färbenden Stoff im Berlinerblau ermittelt zu haben". Und noch im gleichen Jahre veröffentlichte SCHEELE die sich darauf beziehende Arbeit. „Aus konzentrierter Blutlauge, mit etwas überflüssiger Vitriolsäure versetzt, wird durch die Destillation mit etwas vorgeschlagenem Wasser solches mit diesem Wesen dergestalt beladen, daß, wenn dem Wasser etwas Alkali zugesetzt wird, daraus eine vollkommene schöne Blutlauge entsteht. Der Dunst selbst, der in der Vorlage über dem Wasser befunden wird, und einen eigenen Geruch, etwas hitzenden Geschmack hat und Husten erregt, stellt das färbende Wesen im abgesonderten Zustande dar." SCHEELE nennt es alkali volatile aeratum phlogisticatum und frägt BERGMAN im Briefe vom 28. Februar 1783, „welchen Namen soll man wohl dem färbenden Stoffe geben?".

BERGMAN hat dann dieser neuen SCHEELEschen Säure „unter den Namen Acidum Caerulei Berolinensis eine Stelle in seiner vortrefflichen Abhandlung von den Wahlverwandtschaften angewiesen, sie da nach Herr SCHEELEns Vorgänge als eine eigene Säure betrachtet".

Zu den bedeutsamsten Entdeckungen, die SCHEELE in seinem so kurzen Leben machte, gehört die Auffindung des Glyzerins. Gerade hier zeigt sich aufs neue SCHEELEs genialer Scharfblick. Tausende und abertausende Male waren schon jene pharmazeutischen Präparate gemacht worden, die zum Ausgangspunkt für diese wichtige Entdeckung SCHEELEs werden sollten.

Die erste Mitteilung über die Auffindung des „Ölsüß", wie SCHEELE das von ihm in seiner Bedeutung gar nicht zu erfassende Glyzerin nannte, findet man in einem kurzen Briefe an TORBERN BERGMAN (11. September 1783).

SCHEELE sandte wieder eine Schrift über seine neueste Entdeckung an die Akademie der Wissenschaften ein, in deren Abhandlungen des Jahres 1783 sie auch unter dem Titel *„Versuche über eine besondere Zuckermaterie in ausgepreßten Ölen und Fettigkeiten"* (Rön beträffande et särskilt socker-ämne uti exprimerade oljor och fettmor) erschienen ist.

SCHEELE, der die Ausscheidung des Glyzerins aus Olivenöl bei der Bereitung des Bleipflasters bereits 1779 beobachtet hatte, begnügte sich auch diesmal nicht mit der an sich bedeutungsvollen Feststellung, daß bei der Herstellung von emplastrum simplex „diese Süßigkeit sich zeigt", sondern er kommt auf Grund der daran angeschlossenen weiteren Versuche zur Erkenntnis, „daß alle fetten Öle eine Süßigkeit enthalten, die sich vom Zucker und Honig unterscheidet". Dieser neue Körper, der auch SCHEELEsches Süß oder Ölzucker genannt wurde, war bald der Gegenstand weiterer chemischer Untersuchung. Der Name Glyzerin stammt von CHEVREUL[1] (1813).

Die nächste Veröffentlichung SCHEELEs, die eine Ent-

---

[1] 1786 bis 1889.

deckung enthielt, ist die „*Anmerkung über den Zitronensaft und die Art, ihn zu kristallisieren*" (Anmärkning om citron-saft, samt sätt at crystallisera densamna) (1784, 2. Quartal). Es war schon des öfteren der Versuch gemacht worden, „durch Abdunstung den Citronensaft zur Krystallisation zu bringen". Da es auf diese Weise nicht gelingen wollte, suchte und fand SCHEELE den Weg, die Zitronensäure kristallisiert zu erhalten. Er sättigte kochenden Zitronensaft mit Kreide und erhielt dabei einen Bodensatz, den er mit Wasser und Schwefelsäure wie bei der Weinsteinsäurebereitung behandelte.

Nach SCHEELE hat sich dann vor allem BERZELIUS mit der Untersuchung der kristallisierten Zitronensäure beschäftigt.

Hand in Hand mit der Entdeckung der Zitronensäure ging bei den Untersuchungen der sauren Pflanzensäfte die Auffindung der *Apfelsäure* (1785). Diese neue Säure wurde später besonders von HERMBSTÄDT und LIEBIG untersucht.

Die ebenfalls im Jahre 1784 (3. Quartal) erschienene Arbeit „*Über die Bestandteile der Rhabarbererde und die Art, die Sauerkleesäure zu bereiten*" (Om rhabarber-jordens bestånds-delar, samt sätt at tilreda acetosellsyran) leitet auf ein bis dahin selten bearbeitetes Gebiet über: die chemische Untersuchung pflanzlicher Drogen nach ihren wirksamen Bestandteilen.

SCHEELE stellte in dieser Schrift die Verwandtschaft der Rhabarbererde, damals als Calx saccharata angesehen, mit der Sauerkleesäure fest. Seine vielseitigen Untersuchungen haben gezeigt, daß einer Reihe von Wurzeln und Rinden diese sogenannte „Rhabarbererde" zukommt.

Über viele Jahre dehnten sich SCHEELEs Untersuchungen über die Säuren der verschiedenen Früchte aus.

Neben der Weinsteinsäure und der Zitronensäure, über deren erfolgreiche Untersuchung schon berichtet wurde, hat SCHEELE noch die Erdbeere, die Himbeere, die Hollunderbeeren, die Moosbeeren, die Preißelbeeren, die Moltebeeren, die Heidelbeeren, die Berberitzenfrüchte, die Johannisbeeren, das Tamarindenmus nach dem Gehalte an Säuren untersucht.

Schon in dem wichtigen, von J. G. GAHN niedergeschriebenen „pro memoria" nach SCHEELEs Berichten aus dem Jahre 1770 ist zu finden, daß die Weinsteinsäure im Tamarindensaft, die Acetosellsäure im Berberissaft enthalten ist. Von Kristallen aus succus Berberis ist in einem Briefe an P. J. BERGIUS aus dem Jahre 1774, von den aus sauren Früchten erhaltenen Säften in einem Briefe an J. G. GAHN aus dem Jahre 1776 die Rede.

Im 1. Quartal des Jahres 1785 erschien dann die Schrift „*Über die Frucht- und Beerensäure*" (Om frukt- och bär-syran), die SCHEELEs Untersuchungen über die Übereinstimmung der in den verschiedenen Früchten und Beeren vorhandenen Säuren mit der von ihm kristallisiert erhaltenen Zitronensäure enthält. SCHEELE macht folgende Angaben: Die Erdbeersäure ist je zur Hälfte Apfelsäure und Zitronensäure; die Himbeeren und Moltebeeren enthalten ungefähr zu gleichen Teilen Apfelsäure und Zitronensäure, ferner Zucker, Gummi, Pflanzeneiweiß, Gallertsäure, einige Kalksalze und Wasser; die Hollunderbeeren enthalten dagegen nur Apfelsäure und keine Zitronensäure; der Weintraubensaft enthält außer der Weinsäure keine andere Säure; in den Moosbeeren und Preißelbeeren fand SCHEELE nur Zitronensäure, fast ohne Apfelsäure; die Heidelbeeren enthalten ein Gemenge von Apfelsäure und Zitronensäure; die Berberitzenbeeren haben Apfelsäure, fast frei von Zitronensäure; die Johannis-

beeren sollen nach SCHEELE Zitronensäure, nach HERMB-
STÄDT aber Weinsäure enthalten. „Die Säfte von allen
Arten saurer Äpfel enthalten, sie mögen reif oder unreif
seyn, keine Zitronensäure, keine Weinsteinsäure und
Sauerkleesäure, sondern vielmehr eine eigene Säure, die
SCHEELE *Apfelsäure* nennt." „Zur reinen Ausscheidung
derselben sättigte SCHEELE den Apfelsaft mit fixem Alkali,
schüttete dann soviel Bleyessig zu, bis nichts mehr nieder-
fallen wollte. Hierauf goß er auf den ausgesüßten Nieder-
schlag soviel verdünnte Vitriolsäure, bis die Mischung
einen reinen sauren Geschmack ohne Süßigkeit bekam;
worauf die Flüssigkeit durchs Filtrum abgeschieden wird."

Wenn auch von all diesen Angaben nur die Erkenntnis
bestehen blieb, daß die Säuren der verschiedenen Früchte
nicht auf einerlei saures Prinzip zurückzuführen sind, so
hat SCHEELE auch hier für Versuche der nachfolgenden
Zeit bahnbrechend gewirkt.

Schon im Jahre 1781 begann SCHEELE die Untersuchungen über das *Sal perlatum*. Aber erst 1785 veröffentlichte er deren Ergebnisse in der Arbeit: „*Versuche
über das mit Phosphorsäure gesättigte Eisen und das Perlsalz*"
(Rön om ferrum phosphatum och sal perlatum).

Gleichzeitig erschienen in den Abhandlungen der
Akademie der Wissenschaften noch zwei weitere Arbeiten
von besonderem Interesse: die Arbeit „*Von der Gegenwart
der Rhabarbererde in mehreren Vegetabilien*" (Om rhabarber-jordens närvaro uti flera vegetabilier) und die „*Anmerkung zur Bereitung der Magnesia alba*" (Anmärkning
vid tilredning af magnesia alba).

Die erstgenannte Veröffentlichung steht in einem Zusammenhange mit der schon erwähnten Arbeit über die
Bestandteile der Rhabarbererde. SCHEELE hat im An-
schlusse daran 91 Drogen auf ihren Gehalt an Rhabarber-

erde untersucht und gefunden, daß einige von ihnen diese Erdart enthalten, wenn auch in geringerer Menge als die Rhabarberwurzel. SCHEELE hat auch mit dieser Arbeit bis dahin unbekannte Wege beschritten. Die zweite Veröffentlichung wurzelt im Laboratorium der Apotheke. Schon in dem von J. G. GAHN im Jahre 1770 nach SCHEELES Mitteilungen aufgezeichnetem „pro memoria" ist von der magnesia alba die Rede. Das in Stockholm für diesen Stoff gewonnene Interesse blieb auch in Uppsala wach. Die Laboratoriumsaufzeichnungen aus dieser Zeit enthalten weitere Versuche hierüber. Aber erst in Köping gelang es SCHEELE, die gesuchte verbesserte Bereitungsart zu finden. Die erste Mitteilung hierüber ist wieder in einem Briefe an TORBERN BERGMAN enthalten. Die im 2. Quartal 1785 erschienene Arbeit beschreibt die von SCHEELE gefundene Methode, Magnesia alba und GLAUBERsches Salz gleichzeitig anzufertigen. SCHEELE löste 12 Pfund Bittersalz und 6 Pfund Kochsalz in 27 Pfunden kochenden Wassers auf und setzte diese Lauge starkem Froste aus. Dabei kristallisierte Glaubersalz aus. Die restliche Lauge fällte er dann mit fixem Alkali.

Zu den von SCHEELE pharmazeutisch verwendeten Drogen gehörten auch die Galläpfel. SCHEELE ließ einen wässerigen Aufguß von Galläpfeln in einem lose bedeckten Gefäß stehen und verschimmeln. Nach einigen Monaten setzten sich zwischen den Schimmelpilzen zahlreiche Kristalle ab, die er in siedendem Wasser löste und zwecks Reinigung neuerlich auskristallisieren ließ.

Die Anfänge zu den in der letzten von SCHEELE in den Abhandlungen der schwedischen Akademie der Wissenschaften publizierten Arbeit (1786) enthaltenen Entdeckungen der *Gallussäure* und *Pyrogallussäure* reichen ebenfalls weit, und zwar bis in das Jahr 1770 zurück.

Damit ist aber die Reihe der Entdeckungen und Beobachtungen Scheeles nicht beendet.

Sehr eingehend hat sich Scheele auch mit dem *Acetosellsalz* beschäftigt. Aus einem am 6. September 1774 an P. J. Bergius gerichteten Briefe Scheeles ist zu entnehmen, daß er es selbst herstellte. Zwei Jahre später berichtet er über Versuche, das Acetosellsalz zu destillieren.

Im Jahre 1776 erhielt Scheele durch die Behandlung des Zuckers mit Salpetersäure eine neue, von den übrigen verschiedene Säure, die er, dem Ausgangsmaterial entsprechend, *Zuckersäure* nannte. Bergman hat die Bereitungsweise veröffentlicht, ohne aber Scheele zu nennen, so daß man vorerst ihn für den Entdecker dieser Säure hielt. Doch schon ein Zeitgenosse rügt diese Unterlassung mit den Worten: „Acidum sacchari ist eine von Herrn Scheele entdeckte Säure. Der Verfasser einer Monographie über diesen Gegenstand hat vermutlich bloß aus allzugroßer Freundschaft den Namen des Erfinders verschwiegen, oder vielleicht nur zur Ersparung des Raumes das Wort Scheele weggelassen."

1784 erkannte Scheele, unabhängig von Klaproth, die von ihm entdeckte Zuckersäure als identisch mit der Sauerkleesäure, worauf denn auch die Bezeichnung Zuckersäure aufgegeben wurde. Später haben sich besonders Döbereiner, Dulong, Berzelius, Gay-Lussac und andere mit diesem Stoffe befaßt.

Das *Sal microcosmicum* war im Jahre 1774 Gegenstand von Scheeles Interesse. In einem Briefe an J. G. Gahn, nicht etwa in einer besonderen Veröffentlichung, ist die erste Mitteilung darüber enthalten, daß das sal microcosmicum, dessen Zusammensetzung nicht eindeutig bekannt war, aus Phosphorsäure, mineralischem Alkali und Ammoniak bestehe und daß es aus sal perlatum und

Salmiak hergestellt werden könne. Den Gehalt an Ammoniak hatte schon MARGGRAF im Jahre 1757 festgestellt. In einem Briefe an P. J. BERGIUS (6. Dezember 1774) teilt SCHEELE mit, daß sowohl durch analytische, als auch durch synthetische Versuche die Zusammensetzung dieses medizinisch vielfach verwendeten Körpers aus alcali minerale, alcali volatile und Phosphorsäure erwiesen sei.

Daß sich SCHEELE auch mit Stoffen, wie *Knallgold*, *Knallquecksilber* usw., beschäftigt hat, ist seiner Vielseitigkeit nach nur zu erwarten. In einem Briefe vom 10. März 1780 schreibt er über die Explosion von Knallgold; in einem Briefe vom 14. Juli 1780 über Knallquecksilber.

Daß im Borax eine eigene Säure, die Borsäure, mit besonderen Eigenschaften enthalten ist, erkannte SCHEELE schon in Malmö (1768).

Das *Glaubersalz* war in den Jahren 1771 und 1784 Gegenstand seiner Untersuchungen.

Mit der *Zersetzung des Ammoniaks* beschäftigte sich SCHEELE 1770, wobei er die Beobachtung machte, daß Ammoniak leicht zerlegbar sei und daß dabei Wasserstoffgas und Ammoniakgas erhalten werde, eine Angabe, die später von BERTHOLLET bestätigt wurde.

Das *Kochsalz* untersuchte SCHEELE vor allem im Zusammenhange mit der Frage seiner Zersetzung durch den Ton, die von J. G. GAHN aufgeworfen worden war. Das Verfahren, das Mineralalkali des Kochsalzes durch Bleikalk zu trennen, stammt ebenfalls von SCHEELE. Man hat schon früher des öfteren Versuche angestellt, künstliche Soda herzustellen. Diesen Versuchen vor SCHEELE kam aber keine technische Bedeutung zu. Zu einer wirklichen Fabrikation führte erst SCHEELEs Verfahren, 1775

Soda aus Kochsalz zu bereiten. Dieser Prozeß wurde 1787 von TURNER in England patentiert und zeitweise auch industriell verwertet.

Für die Herstellung des *Seignettesalzes* gab SCHEELE eine neue Bereitungsvorschrift in dem „pro memoria" aus dem Jahre 1770 an. Er erkannte dieses Doppelsalz als aus Weinsteinsäure, vegetabilischem und mineralischem Alkali zusammengesetzt.

Die *Absorption von Gasen* durch Holzkohle hat SCHEELE 1773 beobachtet und hierüber an J. G. GAHN berichtet.

Die verschiedenen *Oxydationsgrade der Metalle* hat SCHEELE, wie kaum ein zweiter seiner Zeitgenossen, richtig erkannt. Bis in das Jahr 1770/1771 lassen sich die Versuche, die sich darauf beziehen, zurückverfolgen. Schon NORDENSKIÖLD hat darauf hingewiesen, daß SCHEELE „allen gleichzeitigen Chemikern, seine großen Nebenbuhler LAVOISIER, PRIESTLEY, CAVENDISH nicht ausgenommen, zu dieser Zeit voraus war".[1]

Ein Hilfsmittel der chemischen Analyse, dessen Verwendung zu SCHEELES Zeit immer allgemeiner wurde, ist das *Lötrohr*. SCHEELE hatte nie die nötige Anleitung zu einer intensiven Benützung erhalten und das Lötrohr daher, besonders in den ersten Jahren, wenig benützt. In Briefen aus den Jahren 1771, 1772 und 1774 finden sich Stellen über das von SCHEELE „Blaßruhr" genannte Lötrohr.

Auch auf einem Gebiete der physikalischen Chemie hat SCHEELE Grundlegendes geleistet und somit erneut gezeigt — wie der Geschichtsschreiber mit ehrfürchtigem Staunen feststellt —, daß ihm kein Zweig der damals noch einheitlichen Chemie fremd oder unzugänglich gewesen wäre.

---

[1] NORDENSKIÖLD A. E.: CARL WILHELM SCHEELE, Briefe und Aufzeichnungen. 1892. S, 162.

SCHEELE hat an der Wiege der *Spektralanalyse* Pate gestanden und durch seine Erkenntnis, daß die einzelnen Teile des Sonnenlichtes hinsichtlich ihrer chemischen Wirkung ein verschiedenes Verhalten zeigen, der weiteren Forschung auf diesem Gebiete die Wege gewiesen. Er hatte nämlich in Stockholm, am Fenster des Laboratoriums der Apotheke, das seine damalige Forschungsstätte war, die schon seit J. H. SCHULZE (1727) bekannte Beobachtung, daß Chlorsilber vom Sonnenlicht allmählich geschwärzt wird, bestätigt gefunden. Genial im Erfinden neuer Versuche, hat SCHEELE ein Stück Papier mit einer Chlorsilberlösung überzogen und dann in das Spektrum gebracht. Die Entdeckung, daß die Schwärze fein verteiltes Silber ist und daß die violetten Strahlen am stärksten wirken (1777), gehören noch heute mit zu den Grundlagen der wissenschaftlichen Photographie.[1]

SCHEELE war aber auch einer jener bahnbrechenden Chemiker, die das Gebiet wissenschaftlicher Forschung begründen halfen, das wir heute als *„Pharmakognosie"* bezeichnen. Zu einer Zeit, die sich in bloßer Drogenbeschreibung erschöpfte, hat SCHEELE mit Erfolg versucht, die chemisch wirksamen Prinzipien einzelner Drogen abzusondern.

Schon in einem Briefe aus dem Jahre 1768 — SCHEELE war damals 26 Jahre alt — finden wir Angaben über die Bestandteile der Pflanzenaschen. 1774 berichtet SCHEELE in dem Briefe, in dem er sagt: „Neue Phaenomena zu erklären, dieses macht meine Sorgen aus" über die Destillationsprodukte des Guajakholzes. Über andere Experimente mit pflanzlichen Drogen (Terpentinöl, Jalappa, Benzoe, Stärke usw.) sind Angaben im „Braunen Buche" enthalten.

---

[1] Näheres bei: EDER J. M.: Geschichte der Photographie.

Ein Wort noch über SCHEELES wissenschaftlichen Nachlaß.

Da sind vor allem seine Veröffentlichungen in den „Abhandlungen der Akademie der Wissenschaften" zu nennen. Sie sind kurz und klar und zählen zu den wertvollsten Beiträgen seiner Zeit.

Seiner einzigen in Buchform erschienenen Arbeit wurde ausführlich gedacht.

Nicht minder wichtig ist der Inhalt von SCHEELES Briefen. Sie sind reich an chemischen Neuigkeiten, während persönliche Mitteilungen selten in ihnen zu finden sind. Von Problem zu Problem eilt SCHEELE in ihnen. Dadurch, daß er nichts von seinen neuen Beobachtungen verschwieg und sie vielfach seinen Freunden lange vor der Veröffentlichung in Briefen mitteilte, sind diese neben den gedruckten Arbeiten die wichtigsten Quellen für den Historiker.

SCHEELES Nachlaß wird durch die „Laboratoriumsaufzeichnungen" vervollständigt. Kleine Hefte, Blätter und Zettelchen tragen die für die Geschichte der Chemie so wichtigen Notizen, die sich SCHEELE während der Arbeit, während der kargen Ruhe und wohl auch zu nächtlicher Stunde gemacht hat.

Die im Druck erschienenen Arbeiten SCHEELES allein geben kein vollständiges Bild von SCHEELES Untersuchungen und Überlegungen. Erst im Vereine mit den Briefen und den Laboratoriumsnotizen rundet es sich zu einem Ganzen, das die Vielseitigkeit und Fruchtbarkeit des SCHEELEschen Geistes widerspiegelt.

Die Behelfe, die SCHEELE bei seinen Arbeiten zur Verfügung standen, waren, von den letzten vier Jahren abgesehen, mehr als bescheiden. Die Hilfsmittel, ohne die wir heute kaum mehr die einfachste chemische Operation durchführen könnten, standen ihm nicht zur Verfügung. Apothekengeräte, der Windofen, Schweinsblasen und einige wenige selbst hergestellte Apparate waren sein Rüstzeug. Und wenn man dann noch bedenkt, daß SCHEELE all diese ungezählten Versuche allein, ohne Hilfskraft in der kargen Freizeit ausführte, dann erst vermag man zu ermessen, wie übermenschlich SCHEELEs Leistungen sind. Es stand ihm auch keine umfassende Literatur zur Verfügung; keine Bibliothek von größerem Umfange nannte er sein eigen. Er las Bücher und Zeitschriften, die man ihm lieh. Den für ihn wichtigen Inhalt bewahrte ihm sein untrügliches Gedächtnis.

„SCHEELE stand am Tor der Erkenntnis und hielt die Schlüssel in seiner Hand, aber es gelang ihm nicht, die Riegel zu heben."

Diesem Zitat dürfen wir heute hinzufügen:

Wäre ihm aber noch eine Spanne Leben zugemessen worden, so hätte er nicht nur die Riegel gehoben, sondern auch das Tor weit, weit geöffnet.

Im Herbst des Jahres 1785 erkrankte SCHEELE stärker als früher an Rheumatismus und anfangs 1786 stellten sich auch andere Beschwerden ein. Die Geschichte der Krankheit SCHEELEs habe ich bereits an anderer Stelle ausführlicher behandelt, so daß ich hier nur kurz darauf zu verweisen brauche.[1]

Äußerste Anspannung aller körperlichen und geistigen Kräfte, jahrelange Beschäftigung mit den schwersten Giften, welcher Körper hätte diesen Feinden eines hohen Alters dauernd Widerstand leisten können?

Fieber stellte sich zeitweise ein, die Augenlider schwollen an, Gliederschmerzen erschwerten das Arbeiten,

---

[1] Pharmazeutische Monatshefte, 1936, Heft 1.

eine allgemeine Mattigkeit blieb zurück. Und dennoch arbeitete SCHEELE unermüdlich und unverdrossen weiter, so daß er noch als letzte Arbeit die Abhandlung vom Galläpfelsalz der Akademie der Wissenschaften einsenden konnte. Noch am 12. März 1786 schrieb SCHEELE hoffnungsvoll, daß er die begonnenen Versuche über die Zersetzung der Salpetersäure im Sonnenlicht während des Sommers fortzusetzen gedenke. Es sollte aber nicht mehr dazu kommen.

Schon zwei Monate später, am 21. Mai 1786 starb SCHEELE, nur 43 Jahre alt.

Ich fände kaum, und wohl auch sonst niemand, bessere und trefflichere Worte, um SCHEELE als Menschen zu zeichnen, als sie sein geistlicher Freund Dr. CARL JOHAN AHLSTRÖM an seinem Grabe gefunden:

„... In unserer kleinen Gemeinde, welche den Verlust unseres im Leben hochgeachteten und geliebten SCHEELE am tiefsten empfindet, ist wohl keiner, der seinen Kummer über dessen Tod aus Furcht vor übler Nachrede vortäuscht; ein jeglicher beweint ihn aufrichtig, in dem Maße, wie er ihn und seinen wahren Wert kennengelernt hat... Wie unser seliger Freund in der gelehrten Welt war, wo er unter den größeren Sternen leuchtete, werden wir ohne Zweifel bald durch die Gesellschaft der Gelehrten beschrieben sehen, wo er in höchster Würde stand. Es ist über und außer unserem Gesichtskreis, seine Verdienste in dieser Hinsicht zu erkennen und zu ermessen; weder ich noch ihr, betrübte Zuhörer, können seinen Spuren in die verborgensten Winkel und Ecken der Natur folgen, wo er zusammengesetzte Körper in ihre ersten Grundstoffe zerlegte und sich von den Wirkungen zu den Ursachen durcharbeitete... Er war ein Christ von echtem Schlag, denn er befleißigte sich mehr, es zu sein, als es zu scheinen... Er suchte nicht allein den Ruhm nicht, sondern floh ihn, selbst wenn er ihn suchte. Berufen und ermuntert, seine Tage in einem größeren Kreise zu verbringen, wo er von mehreren Kennern seiner Verdienste und besonderen Gaben mehr Bewunderung, größeren Ruhm gewinnen konnte, zieht er sich ohne alles Bedenken in einen abgelegenen Erdenwinkel zurück, unter uns, um unbehindert Gottes All und sein Nichts betrachten zu können; bei unermüdlichem Eifer und brennender Inbrunst in seinem Beruf und seiner Arbeit. Hier forscht er mit unersättlicher Wißbegier in den verborgenen Heimlichkeiten der Natur, da macht er die höchst unvermuteten Entdeckungen, die der Natur eine neue Ordnung geben und ein unerwartetes Licht darin verbreiten; ja, seine Versuche eilen von Buch zu Buch, von einer Sprache in die andere.

Während sein Name von den Gelehrten der entlegensten Länder gefeiert wird, während es sich die erleuchtetsten Gesellschaften der Gelehrsamkeit als Gewinn und zur Ehre anrechnen, einen SCHEELE zu ihren Mitgliedern zu zählen, ist er unter uns kaum bekannt. Vergebens machen ihm die mächtigsten Könige, auf seinen Ruhm aufmerksam geworden, die vorteilhaftesten Angebote, um ihn zu bewegen, sein Vaterland zu verlassen. Aber weder Belohnung noch die Hoffnung, auf fremdem Boden mehr geehrt zu werden, sind hinreichend starke Verlockungen für einen Mann, der es sich als den größten Gewinn anrechnet, seine Pflicht zu tun und sich zu bescheiden... Zufrieden mit seinem Los, das er durch Fleiß gewonnen und mit Verstand verwaltet hatte, lechzte er nicht nach einer Ehre und nach einem Ansehen, das Knechtschaft mit sich führt. ... Wenn man ihn das erste Mal sah, zeigte sich wenig oder nichts von all dem Guten, das sich in seinem Innern befand. Ebensowenig wie man bei der ersten oder zweiten Begegnung seine vortreffliche Begabung und seine denkende Seele merken konnte, ebensowenig konnte man sich auch aus der ersten Bekanntschaft mit ihm einen Begriff von der Höhe der Menschenliebe bilden, die in seiner Brust wohnte. Wenn andere nicht selten viel von ihrem Werte verlieren, wenn man sie näher kennenlernt, so gewann SCHEELE immer größere Achtung; denn während andere besser scheinen als sie sind, war er in der Tat besser als er schien. ... Mit dieser seltenen Gemütsverfassung war er auch im Umgang ein angenehmer Mann. Verschlossenheit war bei ihm verbannt, selbst die wichtigsten und für die Allgemeinheit verborgensten Dinge lehrte er jedem, der es verlangte. ... Aber wozu dient es, den zu loben, der von niemandem getadelt wird? Bemühte ich mich auch doppelt, bliebe doch mein Gemälde weit unter seinem Urbild zurück. Vergeblich suche ich unseren SCHEELE so zu beschreiben, wie es ihm zukommt.

Dieser außerordentliche Mann steht jetzt über allem Menschenlob; er stand bereits darüber, als er lebte!"

Vortrag, gehalten am 21. April 1936 in Wien, am 17. Mai 1936 in Stralsund.

Vom gleichen Verfasser erschienen früher:

CARL WILHELM SCHEELE. Historische Studie. 1920. 40 Seiten. Als Sonderdruck im Verlage der „Pharmazeutischen Monatshefte", Wien I.

CARL WILHELM SCHEELE. Sein Leben und seine Werke. 1. bis 7. Teil. 1931—1934. 377 Seiten. Herausgegeben von der Gesellschaft für Geschichte der Pharmazie. Verlag Arthur Nemayer in Mittenwald.

MIX
Papier aus verantwortungsvollen Quellen
Paper from responsible sources
FSC® C105338

If you have any concerns about our products,
you can contact us on
ProductSafety@springernature.com

In case Publisher is established outside the EU,
the EU authorized representative is:
**Springer Nature Customer Service Center GmbH
Europaplatz 3, 69115 Heidelberg, Germany**

Printed by Libri Plureos GmbH
in Hamburg, Germany